GÜTERSDIE
LOHERVISION
VERLAGSEINER
HAUSNEUENWELT

Frank Elstner | Matthias Reinschmidt

ArtenSchatz

Unsere abenteuerlichen Reisen
zu mutigen Menschen und
faszinierenden Tieren

INHALT

»Du, Christian, willst Du mit Frank Elstner und mir verreisen?« Genau so fragte mich mein Freund Matthias Reinschmidt eines Tages am Telefon. Die beiden hatten diese Idee, gemeinsam zu ganz unterschiedlichen Arten-, Tier- und Naturschutzprojekten zu reisen – und das auch noch zu verfilmen. Ich gebe zu, ich musste das erst mal sacken lassen. Ich sollte Frank Elstner, die Ikone meiner Fernseh-Jugend, in »freier Wildbahn« als Produzent verfilmen. Neben dem großen Respekt für Franks Lebenswerk kamen schnell auch Sorgen: Schafft ein Showmaster so eine Reise überhaupt, vor allem mit über 70? Und was würde erst werden, wenn er in einer Hängematte ohne Klimaanlage auf einer moskitoverseuchten indonesischen Insel schlafen müsste? Meine Sorgen waren alle unbegründet, das sollte ich aber erst im Laufe unserer ersten Reise erfahren ...

Davor ging alles ganz schnell: ein Kennenlernen, ein gemeinsames Gespräch beim Fernsehdirektor des SWR – und plötzlich stand ich mit einem sichtlich aufgeregten Frank Elstner, dem immer fröhlichen Matthias Reinschmidt, unserem Kamerateam und 200 Kilogramm Übergepäck am Check-In-Schalter des Frankfurter Flughafens. Ich habe Biologe studiert, bevor ich beim Fernsehen landete, und hatte zuvor mehrere Tierfilme in Afrika und Südamerika gedreht, trotzdem war mein Puls, das kann ich nicht verhehlen, über die kompletten 14 Stunden Anflug erhöht – deutlich erhöht!

Längst hatte ich allerdings gemerkt, wie wichtig Frank gerade dieses Projekt war. Der Mann, der so viele erfolgreiche Formate im deutschen Fernsehen erdacht und moderiert hatte wie kaum jemand sonst, schien in diesen Naturreisen seine Herzenssache gefunden zu haben. Ich sollte es also besser nicht verbocken ...

Der Einstieg war nicht einfach – nicht nur, weil ein überhektischer asiatischer Taxifahrer mit unserem Stativ im Kofferraum in der Millionenstadt Jakarta verschwunden war und wir zwei Stunden gebraucht hatten, um es wiederzubekommen. Nein, Frank und ich mussten erst einmal Vertrauen zueinander fassen, als wir uns beide wild schwitzend zum ersten Interview der Reise gegenüberstanden. Kein Wunder: So hatten ihn bisher nur wenige Menschen gesehen. Doch das Vertrauen war schnell da und wurde später zu einer Freundschaft. Er machte es mir leicht, denn Frank ging unsere Filme mit dem gleichen Herzblut an wie ich selbst und ist dabei herrlich bodenständig. Eine Woche im engen Haus eines Paters auf Borneo – 35 Grad, 90 Prozent Luftfeuchtigkeit, eine Dusche für sieben Personen – all das war kein Problem, solange er nur dazu beitragen konnte, den Orang-Utans durch unseren Film ein wenig zu helfen. Und das wäre ohne ihn tatsächlich kaum möglich gewesen: Eine 90-minütige Naturreportage, ausgestrahlt an einem Samstag zur besten Sendezeit, das gibt es halt sonst nicht (mehr) im deutschen Fernsehen.

Nach fünf Jahren als Produzent und Freund von Frank Elstner und Matthias Reinschmidt muss ich zugeben, dass ich inzwischen eigentlich ungern mit anderen Menschen reise. »Elstners Reisen« ist längst zu einer Art »Klassenausflug« geworden. Mich begeistern unsere Touren noch immer, wegen der tollen Stimmung und dem gleichzeitig ernsten Anliegen, das wir in die deutschen Wohnzimmer bringen wollen. Aber auch, weil dies eine Sendung ist, mit der man wirklich etwas »bewegen« kann. Die Projekte, die wir vorstellten, erhielten nach den Sendungen regelmäßig größere Spenden, viele Hundert Tiere konnten damit gerettet werden und die Menschen, die für sie kämpfen, konnten weitermachen. Mit fast allen Protagonisten stehen Frank, Matthias und ich bis heute in Kontakt, ab und zu sehen wir uns dann auch mal ohne Kamera und erzählen die »wilden« Geschichten unserer Dreharbeiten. Und die werde auch ich niemals vergessen!

Christian Ehrlich
Köln, im September 2017

Ich muss mit einem Geständnis beginnen: Die Schönheit der Natur hielt ich viel zu lange Zeit fast für eine Selbstverständlichkeit. Ich erfreute mich am Artenreichtum dieser Welt, an den hübschen Vögeln, die uns manchmal im Garten besuchen, an den Rehen im Wald, ohne mich allerdings groß zu fragen, was ich selbst eigentlich tun kann, um das Wunderbare auf dieser Erde zu schützen – bis ich Matthias Reinschmidt, den Direktor des Karlsruher Zoos, kennenlernte. Mit ihm begann das Abenteuer meines Lebens. Er war Gast in meiner SWR-Sendung »Menschen der Woche«. Ein Mann, der damals noch auf Teneriffa arbeitete und weltweit auf vielen Titelseiten war. Ihm war ein Kunststück gelungen: Er hat eine Papageienart durch einen sensationellen Zuchterfolg vor dem Aussterben bewahrt: den blau gefiederten Spixara. Wir zwei haben uns so gut verstanden, dass wir scherzhaft sagten: Komm, wir drehen mal einen Tierfilm!

2010 machten wir schließlich Nägel mit Köpfen. Ich tauschte den Anzug gegen Outdoor-Kleidung, ließ die Lederschuhe im Schrank und packte Trekking-Stiefel ein. Ich, der Showmaster, die Maske aus Schminke und Show gewohnt, verließ die Komfortzone und stürzte mich ins Ungewisse. Plötzlich war ich nicht mehr Everybody's Darling, sondern ein Mann mit einer Spinnenphobie, der mit einem Biologen loszog und unter dem Titel »Elstners Reisen« für den SWR Dokumentarfilme über bedrohte Tierarten drehte. **11**

Um diese Reisen nach Brasilien, nach Indonesien, Sri Lanka und Australien soll es in diesem Buch gehen. Wer reist, verändert sich. Er kehrt als ein Anderer zurück. Die Reisen haben mich definitiv verändert. Sie haben meinen Blick geschärft. Aus der Welt der Show tauchte ich in die Welt des Echten, des Ursprünglichen ein. Ich überwand Ängste, campte in der Wildnis, begab mich in Gefahr, wuchs über mich hinaus und erlebte nie geahntes Glück. Natürlich trieb ich Matthias Reinschmidt mit meiner Naivität und Unbedarftheit hin und wieder zur Verzweiflung – auch das soll natürlich nicht verschwiegen werden. Einmal wollte ich doch tatsächlich eine Schlange berühren, nicht ahnend, dass sie hochgiftig war. Wo immer wir schliefen, musste Matthias Reinschmidt ein Anti-Moskito-Netz für mich bauen. Und die Umgebung nach Spinnen absuchen! Und, und, und …

Während unserer Recherchen haben wir viele Menschen kennengelernt, die Herausragendes für den Schutz bedrohter Arten leisten, wie der Tierschützer Willie Smits für Orang-Utans auf Borneo oder der großartige Doktor Perrera auf Sri Lanka, der verwaiste Elefanten pflegt und auswildert. Wir sind quasi mit dem Scheinwerferlicht losgepirscht und haben überlegt, wen wir beleuchten – und ich glaube, wir haben die Richtigen getroffen. Menschen, die mit Leidenschaft für die Schönheit unseres Planeten kämpfen, die mit Herzblut unser einzigartiges Tierreich schützen. Die Begegnung mit ihnen hat mir die Augen geöffnet. Wir alle können etwas tun, jeden Tag, überall. Fangen wir endlich damit an, denn jeder Tag ist kostbar.

MIT DEN PAPAGEIEN BEGANN DAS ABENTEUER
Unsere Reise nach Brasilien

Ich war tatsächlich furchtbar aufgeregt, als ich in den Flieger nach Teneriffa stieg. Wie tief mich die Erlebnisse, die in der Ferne auf mich warteten, beeindrucken und verändern würden, ahnte ich aber nicht. Wie sollte ich auch, in Sachen Artenschutz war ich schließlich noch ein blutiger Anfänger. Teneriffa war das erste Ziel meiner dreiwöchigen Reise mit dem Biologen Matthias Reinschmidt und die perfekte Einstimmung auf das eigentliche Abenteuer: ein Trip nach Brasilien, ins Land der blauen Aras. Die Aras sind eine vielfältige Gruppe langschwänziger Papageien und unterscheiden sich in erster Linie in ihrer Farbe und Größe. Aras erkennen selbst Laien sofort als Papageien – und einer dieser Laien war wie gesagt ich. Zumindest noch.

Matthias arbeitete damals als Kurator der Papageienzuchtstation der Loro Park Fundacion und hatte die weltweit größte Papageienkollektion mit knapp 4.000 Tieren aus 350 Arten unter seinen Fittichen. Er war also ohne Übertreibung der Herr der Papageien! Zu den Raritäten der Station gehörten die wertvollen Lear-Aras und die Spixaras. Diese wunderschönen blauen Papageien stammen ursprünglich aus Brasilien, genauer gesagt ist ihr natürliches Habitat die Caatinga. Doch eine Art, nämlich der eisblaue Spixara, ist dort bereits ausgestorben, der Lear-Ara war kurz davor, konnte aber glücklicherweise durch die große Anstrengung engagierter Menschen gerettet werden und bevölkert nun weiterhin munter die Natur. Ein Glück für uns, die wir uns nun am Anblick dieser eindrucksvollen Tiere erfreuen können. Ich selbst hielt die Schönheit der Natur lange Zeit fast für eine Selbstverständlichkeit. Ich erfreute mich am Artenreichtum dieser Welt, ohne mich groß zu fragen, was ich eigentlich tun könnte, um das Wunderbare auf dieser Erde zu schützen. Diese Reise sollte das ändern. Unsere Mission war, ein wenig großspurig formuliert, dem Artensterben ein Schnippchen zu schlagen. Damit den drei verbleibenden Ara-Arten das Schicksal des Meerblauen Aras erspart bleibt, der seit dem Tod des letzten Exemplars im Zoo von Buenos Aires 1938 als ausgestorben gilt, hat die Loro Park Stiftung die Papageienzuchtstation auf Teneriffa ins Leben gerufen. Hier, wo sich sonst vor allem die Strandurlauber in der Sonne aalen und nachts ihre geleerten Sangria-Gläser auf dem Bordstein stehen lassen, hat sich diese Stiftung zum obersten Ziel gesetzt, genetische Reserven bedrohter Papageien-Arten zu züchten. Gewissermaßen ein Sicherheitsreservoir anzulegen für die Arten, die von der Natur selbst vor der Ausrottung stehen. Es ist in der Tat ein großes Vorhaben mit einigen Schwierigkeiten, aber, weil alle von ihrer Mission überzeugt sind, klappt es prima.

Die 56-Zentimeter-Sensation

Ich freute mich riesig, Matthias wiederzusehen. Bestens gelaunt schüttelte er mir im Hochsicherheitstrakt der Zuchtstation die Hand – und machte mich gleich mit einem seiner Schützlinge bekannt. Er öffnete die Käfigtür und stellte mir den Kakadu Coco vor – Matthias würde mich an dieser Stelle korrigieren, denn es handelte sich um einen Tritonkakadu, der wegen seiner gelben Haube auch Gelbhauben-Kakadu genannt wird, aber eigentlich eine Unterart des Großen Gelbhauben-Kakadus darstellt. Und auf diese hübsche Haube ist das Tier, das ursprünglich aus Papua Neuguinea stammt, mächtig stolz, jedenfalls balzte mich Coco frech mit seiner aufgestellten gelben Pracht an. Als wäre ich ein passendes Beuteschema für ihn. Meine Haarpracht ist zwar auch nicht von schlechten Eltern, aber mit so einer Konkurrenz kann sie es dann doch nicht aufnehmen. Allein schon wegen des kräftigen grauen Schnabels wollte ich mit dem Tritonkakadu dann auch lieber nicht auf Tuchfühlung gehen. Ein kurzes Streicheln musste genügen. Coco stammte aus einer privaten Einzelhaltung, und Matthias hatte das Tier im Loro Parque aufgenommen, um es zu verpaaren. Dummerweise war dieser Vogel derart menschfixiert, dass er sich in Matthias verliebte und dieser seine Bezugsperson wurde – nichts mit Verpaarung also … Coco konnte sogar ein paar Worte sprechen. Immer, wenn er eine Traube bekam, die ihm besonders gut schmeckte, sagte er: »lecker, lecker, lecker«. Auf Spanisch natürlich, nicht auf Deutsch.

Die winzige Sensation wartete in Matthias' Büro auf uns, und zwar gebettet in eine Wärmebox bei konstanten 36 Grad: ein winziges, gerade einmal elf Tage altes Spixara-Küken, kaum halb so groß wie meine Hand. Dieses zarte Wesen ist einer der teuersten Papageien der Welt. Offiziell lautet sein Wert zwar null, weil er in der freien Natur nicht mehr vorkommt, aber auf dem Schwarzmarkt erzielt er atemberaubende

Summen. Der Spixara gehört mit etwa 56 Zentimetern Größe zu den mittleren Ara-Arten. Während die Jungtiere einen hellen Schnabelstreifen und weiße Wangenhaut haben, wird der Schnabel später schwarz und die Wangenhaut färbt sich dunkelgrau.

So wertvolle Papageienkinder wie ein Spixara-Küken werden meistens im Inkubator ausgebrütet und von Hand aufgezogen. Und das ist sehr zeitaufwendig. Matthias muss in den ersten Wochen das kleine Küken alle zwei Stunden füttern, auch nachts, oft aber im Drei-Stunden-Abstand. Jedes Mal bekommt das Jungtier speziellen Futterbrei auf Körpertemperatur angewärmt, d.h. zwischen 38-40 Grad Celsius, denn diese Temperatur liegt bei den Vögeln etwas höher als bei uns Menschen. Auch die Futtermengen sind unglaublich, denn der kleine Vogel bekommt bei jeder Fütterung etwa 10% seines Körpergewichtes als Futter. Wiegt der Kleine beispielsweise 50 Gramm, so erhält er etwa 5ml Futterbrei in den Schnabel und füllt sich somit seinen Kropf für die nächsten beiden Stunden, bis alles in den Magen weitergeleitet wurde, der Kleine sich wieder stimmgewaltig durch kräftiges Piepsen meldet und Matthias daran erinnert, erneut den Futterbrei zu richten. Man darf schließlich kein Risiko eingehen, denn die leiblichen, noch sehr unerfahrenen Eltern könnten das Küken durchaus verletzen oder sogar töten. Weltweit werden immer wieder Tiere ausgetauscht. So kann die Blutlinie aufgefrischt werden, und es gibt vor allem keine Inzucht.

Dass ich bei einem solchen Tieraustausch dabei sein durfte, machte mich glücklich wie ein Kind an Weihnachten und auch ein wenig stolz. Zusammen mit Matthias sollte ich nämlich einen Spixara und einen Lear-Ara nach Brasilien bringen. Was für eine Ehre! Doch damit nicht genug: Hatten wir unsere Mission für den Artenerhalt und den Artenschutz vollbracht, wartete eine Expedition quer durch Brasilien auf uns.

Matthias legte mir das Tier vorsichtig in die Hand, und das winzige Wunderküken machte es sich gleich darin gemütlich. Es ist ja immer ein erhebendes Gefühl, wenn man so ein neues, noch ganz verletzliches Leben berühren darf, aber hier war es etwas ganz Besonderes: An meinem Handrücken fühlte ich das kleine Herz pochen, erst unruhig und schnell, dann immer gleichmäßiger und ruhiger. Ich hielt das kleine Tier ganz vorsichtig still und hauchte es sanft an, um ihm ein bisschen Wärme zu geben. Zu fressen gab es selbstverständlich auch etwas: eine mit Lactobazillen angereicherte vitamin- und mineralstoffreiche Futtermischung. Der Spixara hatte einen Bärenhunger und konnte kaum genug bekommen. Ein unbeschreibliches Gefühl, ein solches in der Natur ausgestorbenes Wesen in seinen Händen halten zu dürfen – es steht für die große Hoffnung, dass es uns vielleicht eines Tages gelingt, diese Art vor dem endgültigen Verschwinden von unserem Planeten zu bewahren. Was sonst ist eigentlich unsere Verantwortung als zivilisierte, vernunftbegabte Wesen, als der unbedingte Schutz der schwächeren, in der natürlichen Kräfte-Hierarchie unter uns Stehenden?

Bevor ich in allzu großer Andacht versinken konnte, hob Matthias das Kleine wieder zurück in seinen Brutkasten und stellte mir unsere beiden Reisebegleiter vor: die Spixara-Dame Mela und den Lear-Ara Edward. Beide waren nach etlichen Untersuchungen fit für die lange Reise nach Brasilien erklärt worden, die sie in zwei Holzkisten antraten. Matthias war über den positiven Gesundheitscheck unheimlich froh. Die letzten Wochen waren aufgrund der komplizierten Reiseorganisation die stressigsten seines bisherigen Berufslebens. Nun hieß es, die Früchte für diese harte Arbeit zu ernten.

Ein trauriger Abschied – und ein hoffnungsfroher Neubeginn

Es ging los. Die Sonne brannte vom wolkenlosen Himmel, der Straßenrand gesäumt von immergrünen Bananenplantagen und den typischen kanarischen Dattelpalmen und Drachenbäumen. Eine Stunde später waren wir bereits am Flughafen und erregten mit unseren exotischen Reisebegleitern sofort Aufmerksamkeit. Die Zollkontrolle und den langwierigen Securitycheck brachten wir ohne Probleme hinter uns – und selbst die an Flüssigkeiten reiche Reise-Apotheke, die wir im Handgepäck hatten, mussten wir nicht einchecken – offenbar wirkten wir äußerst vertrauenswürdig! Das dachte wohl auch die Stewardess, die, als wir an Bord kamen, gleich einen entzückten Blick auf unsere beiden Reisebegleiter warf. Solche Gäste hat man ja nicht alle Tage.

Von Teneriffa aus ging es über Madrid nach São Paulo. Und obwohl wir seit mehr als zehn Stunden unterwegs waren und ich es mir im Flugzeug so angenehm wie möglich gemacht hatte, war immer noch nicht an Schlafen zu denken ... Matthias hatte eine besondere Gute-Nacht-Geschichte für mich vorbereitet und ließ nicht locker. Er klappte sein Notebook auf und startete ein kurzes Filmchen, in dem ein Spixara-Küken schlüpfte.

Normalerweise zieht sich der Schlupf eines Aras über einen Zeitraum von 2 bis 4 Tagen. Zunächst durchstößt das Küken die innere Eihaut und dringt in die Luftkammer vor. Dort beginnt es mit der Lungenatmung – dann folgt das Anpicken des Eies von Innen mit Hilfe des Eizahnes, eine kleine weiße Erhebung auf dem Oberschnabel, die alle Vögel haben und mit deren Hilfe man das Ei sozusagen anknackt. An der Knackstelle wird dann im Laufe der Zeit ein wenig weitergepickt, aber erst kurz vor dem Schlupf dreht sich das Araküken im Ei 360 Grad im Kreis, um das Ei von innen ringförmig anzuknacken. Ist es einmal ganz rum, stößt es durch eine Streckbewegung die Kappe auf und schlüpft. Gerade bei seltenen Papageien ist es oft sehr spannend, ob die kleinen den Schlupf selbst packen oder ob man vielleicht nachhelfen muss. Matthias hat bei vielen im Brutapparat künstlich ausgebrüteten Eiern vorsichtig Hand angelegt, damit die Küken einen sicheren Start ins Leben hatten. Nicht anders funktioniert es nämlich in der Natur, wo die Papageien-Eltern durch das Entfernen von Eischalen den Kleinen aktive Schlupfhilfe leisten. Ich habe nach dem Film jedenfalls wunderbar geträumt.

Viele Stunden später wachten wir auf und befanden uns bereits im Landeanflug auf São Paulo. Auch unsere kleinen Helden Mela und Edward waren einigermaßen munter nach ihrem Nickerchen. Vor den beiden Tieren lag ja auch eine große, wichtige Aufgabe, für die sie in bestmöglicher körperlicher Verfassung sein sollten: Spixara Mela stand für den Neubeginn der Spixara-Zucht in Brasilien. Und Lear-Ara Edward sollte den Genpool der Lear-Aras mit seinen Genen erweitern. Papageien und gerade auch Aras sind übrigens ausgesprochen intelligente Tiere. Verhaltensforscher nennen sie in einem Atemzug mit Primaten, Hunden und Delfinen.

Doch bevor die Art gerettet werden würde, gab's erst einmal ein kräftigendes Fitness-Frühstück: Wir versorgten die beiden Juwelen mit frischem Obst, Körnern und Flüssigkeit.

Im Terminal wurden wir schon sehnsüchtig erwartet. Nur: Eine Einreise nach Brasilien mit den wertvollsten Papageien der Welt im Gepäck bringt einen nervenaufreibenden Papierkrieg mit sich. Nach knapp 24 Stunden Anreise und drei weiterer Stunden zähen Wartens durften Mela, Edward und natürlich auch Matthias und ich schließlich einreisen. Ein Team aus gut einer Handvoll Leuten stand schon zur Tier-Übernahme bereit. Mela und Edward tauschten ihre Holzkisten gegen größere Plastikboxen – wahrer Luxus verglichen mit jener Unterkunft, in der sie die vergangenen Stunden hausen mussten. Beide Papageien waren dementsprechend gestresst. Ihr Gefieder hatte sichtbar gelitten. Aber es ging jetzt ja auch nicht darum, einen Schönheitswettbewerb zu gewinnen, sondern den Sprung zurück in den natürlichen Lebensraum zu schaffen. 15 Tage würden die

Tiere nun in Quarantäne-Volieren bleiben müssen. Die Quarantänebestimmungen sind in Brasilien eben sehr streng. Wenn dann alle Untersuchungen negative Ergebnisse gebracht hätten und damit kein Verdacht auf eine Krankheit vorliegt, würden Mela und Edward an ihren endgültigen Bestimmungsort weiterreisen. Beide Vögel sollten innerhalb der Internationalen Zuchtprogramme für diese beiden Arten in Brasilien geeignete unverwandte Partner bekommen, dabei war der Spixara für den Zoo in São Paulo vorgesehen, und der Lear-Ara für den Zoo in Belo Horizonte. Wir lernten auch die brasilianische Biologin Yara Barros kennen, die den Transport in die staatliche Quarantäne bestens organisiert hatte. Mit ihr würden wir die nächsten Tage verbringen dürfen. Wohl kaum ein Wissenschaftler kennt die Caatinga im Nordosten Brasiliens besser als Yara, denn sie hat über fünf Jahre hinweg – zwischen 1995 und 2000 – den letzten frei-lebenden Spixara bewacht, beobachtet und unzählige Daten zur Biologie dieser Art gesammelt, genauso wie ihr Vorgänger Marcos da Ré, der fünf Jahre vorher die Aufgabe übernommen hatte, also 1990. In diesen insgesamt zehn Jahren wurden alle Gewohnheiten wie Nahrungspflanzen, Nester, Flugverhalten usw. schriftlich festgehalten. Diese Erkenntnisse sind heute für eine Wiederauswilderung unerlässlich. Ohne sie würde man nicht einmal die Nahrungspflanzen der Tiere kennen – so konnten die Biologen mehr als 10 essenzielle Nahrungspflanzen eindeutig identifizieren.

Yara Barros war also die ideale Führerin. Dass sie auch eine unerschrockene »Ralleyfahrerin« war, ahnten wir zu diesem Zeitpunkt noch nicht …

Mit einem lachenden und einem weinenden Auge verabschiedeten wir uns von Mela und Edward. Ein bewegender Moment. Matthias kämpfte sichtlich mit den Tränen. Die Tiere waren ihm mit der Zeit sehr ans Herz gewachsen, kein Wunder, wenn man beide Papageien vom ersten Lebenstag an quasi Tag und Nacht begleitet hat.

Die Tragödie der Spixaras

Wir flogen weiter nach Petrolina in den brasilianischen Bundesstaat Pernambuco, gut 2.000 Kilometer von São Paulo entfernt. Dort lag die Temperatur bei gefühlten 40 Grad, und die vielen exotischen Insekten freuten sich sicherlich über uns Bleichgesichter ...

Unser Ziel war Curaçá – ein kleines Städtchen mitten in der Caatinga.

Die Caatinga ist eine Trockensavanne und erstreckt sich im nordöstlichen Teil Brasiliens über 700.000 Quadratkilometer. Damit ist sie etwa doppelt so groß wie Deutschland. Das Wort Caatinga stammt aus der indigenen Sprache Tupí und bedeutet weißer Wald. Während der Regenzeit von Februar bis Mai verwandeln sich Teile dieser staubtrockenen, unwirtlichen Welt, in der sich niedrige Dornbüsche und Kakteen pudelwohl fühlen, kurz in eine blühende Landschaft, und der Pegel des durch die Caatinga fließenden São Francisco-Flusses steigt. Der Wassermangel ist indes notorisch, und in der Hälfte der Caatinga beträgt die Niederschlagsmenge weniger als 700 Millimeter im Jahr. Doch das Wasser wird dringend gebraucht für die vielen Menschen, die in der

Region leben, wie auch zur Bewässerung von Äckern und Plantagen.

In dieser Region hat der letzte Spixara wie gesagt noch bis zum Jahr 2000 gelebt. Eine Tragödie, dass er dort nun nicht mehr seine Kreise zieht. Wie auch bei den meisten meiner anderen Expeditionen, auf der Suche nach Artenschutz, die noch folgen sollten, war auch hier der Mensch wieder nicht von der Verantwortung für diesen Umstand loszusprechen. Er hat einfach sehenden Auges zugelassen, dass immer mehr Brutgebiete abgeholzt und natürlicher Lebensraum der Aras zugunsten von Industrie und menschlichen Bedürfnissen zerstört wurde.

Wo genau der Spixara einst lebte, das würden wir am nächsten Tag erkunden. Für mich zählte an diesem Abend indes nur eines: nämlich dass mein geschätzter Freund Matthias mein Zimmer inspizierte und sämtliche Gefahren beseitigte ... Denn mit allem, was so kreucht und fleucht, stehe ich auf Kriegsfuß! Auch einen Blick unter unser Bett ersparte ich Matthias nicht. Im Gegenzug würde ich mich in den nächsten Tagen um einen Vorrat an kaltem Bier kümmern. Kein schlechter Deal – fand ich! Als auch unter dem Bett alles tip top war, keine Kobra und kein Skorpion ausfindig gemacht wurden, konnte ich einigermaßen beruhigt schlafen. So ist das eben, wenn man einen Reisepartner wie mich hat, der bislang stets in modernen, klimatisierten Hotelketten-Unterkünften mit Room Service abgestiegen war ...

Der nächste Morgen: wolkenloser Himmel, unglaubliche Hitze. Wir machten uns auf, die ehemalige Heimat des Spixara zu entdecken.

Die wenigen Exemplare dieser Art, die noch leben, tun dies in Menschenobhut. Für die brasilianische Biologin Yara Barros, die, finanziert durch die LPT der Loro Park Stiftung, die Tiere in freier Natur unterstützt, begleitet und erforscht hat, ist das besonders traurig.

Der Spixara war ein Feinschmecker und hat am liebsten ganz oben in den höchsten Bäumen gebrütet. Doch bevor uns Yara Barros zeigte wo, galt es, per Jeep unwegsames Gelände zu bezwingen. Unsere liebe Biologin und Papageienexpertin steuerte waghalsig den Wagen und würde wohl so manchen Ralleyfahrer locker in den Schatten stellen. Da passt es, dass die halsbrecherische Ralley Paris-Dakar ein Lebenstraum von ihr ist.

Es war am 5. Oktober 2000, als ein bis dahin seit zehn Jahren allein lebendes Spixara-Männchen zum letzten Mal gesehen wurde, bevor es für immer spurlos verschwand. Wir besuchten den letzten Brutbaum, wo wir die Nisthöhle sahen, in denen noch »junge Spixaras« vor einigen Jahrzehnten erbrütet wurden. Papageienfänger haben aus diesem Nest im Brutbaum die letzten Spixara-Küken geholt, indem sie eine tiefe Scharte in den Stamm geschlagen haben. Aus reiner Geldgier – fürchterlich! Was muss in solchen Menschen vorgehen, die sich am Schatz der Natur schamlos bereichern, so, als wäre die Schöpfung ein reiner Selbstbedienungsladen? Ich habe große Schwierigkeiten, mich in solche Individuen hineinzuversetzen, ihre Handlungen zu verstehen. Sicherlich werden auch sie unter Druck stehen, vielleicht finanzielle Nöte haben, aber einen solchen Raubbau an der Natur zu begehen, das rechtfertigt nichts und niemand. Vor allem, weil es ja ein unwiderruflicher Schaden ist, den sie der Nachwelt zufügen. Also unwiderruflich so lange, bis wir kommen und die schlimmsten Wunden zu heilen versuchen.

Der Lebensraum mit seinen dominierenden Caribeira-Bäumen an den nur saisonal Wasser führenden Flüssen und Bächen schien noch in Takt zu sein. Auch Rotrückenaras, eine weitere Ara-Art, die in der Caatinga lebt, gibt es noch viele hier. Wir sahen und wir hörten sie … Toll!

Vielleicht fliegen ja eines Tages auch die Spixaras wieder in ihrem angestammten Lebensraum!

Elegante Flugkünstler

Wir verließen die Gegend der Spixaras wieder und reisten nach Canudos im Bundesstaat Bahia, ebenfalls im Nordosten Brasiliens gelegen. Hier wollten wir die Lear-Aras besuchen. Auch diese blaue Ara-Art ist vom Aussterben bedroht. Papageienfänger und Maisbauern, die um ihre Ernte fürchteten, hatten die Tiere fast ausgerottet. Gott sei Dank hat sich durch Schutzprogramme die Population wieder erholt.

Der Weg zu den Tieren war allerdings nicht von schlechten Eltern. Straße? Mitnichten! Eine Piste, die einem Hindernisparcour glich. Unsere Ralley-Queen hatte großen Spaß, selbst als wir einmal im tiefen Sand steckenblieben – ich hingegen machte mir Sorgen um meine Bandscheibe … Mächtig durchgeschüttelt und gerüttelt, aber guten Mutes, erreichten wir nach ein paar Stunden unser Ziel: Taco Velha, die Heimat der Lear-Aras. Hier, in diesen Felsklippen, ist ihr Reich, hier brüten und schlafen sie. Im Umkreis von 170 Kilometern befinden sich ihre Futterplätze. Lear-Aras lieben es eben ein wenig kompliziert. Taco Velha ist neben Jeremojabo weltweit das einzige Verbreitungsgebiet dieser tollen Papageien. Deshalb steht diese Gegend unter strenger Beobachtung der Biodiversitas Stiftung. Das ist der Ort, der mich auf unserer Reise am meisten beeindruckt hat!

Wir blieben mehrere Tage, um in aller Ruhe und zu verschiedenen Tageszeiten die Lear-Aras zu beobachten. Die Gegend ist wirklich grandios: Mächtige rote Sandsteinkliffs ragen aus der ansonsten flachen Landschaft hervor. Genau dort haben die Lear-Aras ihre Bruthöhlen. Nur hier finden sie Unterschlupfe, die groß genug sind für das Brutgeschäft – denn große Bäume sind in dieser Umgebung eher selten, denn wie alle Papageien sind auch die Lear-Aras Höhlenbrüter und brauchen diese, um Nachwuchs aufzuziehen.

Am frühen Morgen, eher mitten in der Nacht, nämlich kurz nach drei Uhr, standen wir auf, torkelten schlaftrunken zum Auto und machten uns auf den Weg. Nach einer halben Stunde Fahrt über Sandpisten waren wir am Fuße der mehrere hundert Meter hohen Felskliffs angelangt. Mit Stirnlampen ausgerüstet wagten wir uns in der Dunkelheit an den Aufstieg. Kein leichtes Unterfangen, denn die Wege sind schmal und der Abgrund ist tief, wir waren sehr schnell hellwach. Nach knapp einer Stunde, der Tag brach gerade an, erreichten wir schließlich das Hochplateau auf den Kliffs. Die sensationelle Aussicht belohnte uns großzügig für den schweißtreibenden Aufstieg. Von überall tönte auf einmal das laute Gekreische der Lear-Aras.

Zunächst sammeln sich die Tiere in Rundflügen über dem Kliff, um dann als große Gruppe gemeinsam loszuziehen und auf Nahrungssuche zu gehen. 20, 30, dann 50 und zuletzt über 150 Lear-Aras konnten wir zählen, die nur wenige Meter über uns hinwegflogen und einen ohrenbetäubenden Lärm machten. Was für ein eindrucksvolles Naturschauspiel einer bedrohten Papageienart! Wenn Kraniche sich bei uns in Deutschland sammeln und gen Süden fliegen, dann ist das ja immer schon ein beeindruckendes Spektakel – aber was sich jetzt hier vor unseren Augen abspielte, war unvergleichbar, nie dagewesen und für mich ein einmaliges Ereignis, auch Matthias befand sich quasi im siebten Papageienhimmel bei diesem atemberaubenden Anblick.

Erst 1978 wurde das Verbreitungsgebiet der Lear-Aras für die Wissenschaft entdeckt. Zwar hatte schon Charles Lucien Bonaparte 1856 den Lear-Ara für die Wissenschaft beschrieben, aber keiner kannte die genaue Herkunft der einzeln in Zoos oder Museen aufgetauchten Tiere. Außer, dass sie aus Brasilien stammten, wusste man nichts. Helmut Sick, ein deutschstämmiger brasilianischer Ornithologe, wollte das ändern und machte es sich zur Lebensaufgabe, das Verbreitungsgebiet des Lear-Aras zu entdecken und ihren natürlichen Lebensraum zu finden. Er ging auf zahlreichen Expeditionen vielen Hinweisen nach, bis er am 31.12.1978 in seinem 73. Lebensjahr endlich in den Felskliffs bei Canudos auf die Lear-Aras stieß. Er traf damit auf wahre Wundertiere, deren Verhalten und Lebensweise zu untersuchen fortan zum Ziel vieler Wissenschaftler und Hobby-Ornithologen wurde.

In den achtziger Jahren ging man von einem Restbestand der Lear-Aras von unter 100 Tieren aus. Tendenz sinkend. Durch zahlreiche Schutzmaßnahmen, die auch von der Loro Parque Fundacion tatkräftig unterstützt wurden, gelang es tatsächlich, den Bestand an Lear-Aras wieder auf etwa 1.200 Tiere anwachsen zu lassen. Ein enormer Erfolg für dieses Artenschutzprojekt, das wieder einmal zeigt, dass geeignete Schutzmaßnahmen Arten vor dem Verschwinden retten können! Es müssen sich nur verantwortungsbewusste Menschen zusammenschließen und geeignete Initiativen gründen, dann kann das Unvorstellbare gelingen. Zu oft werden diese wiederbelebenden Maßnahmen ignoriert und nicht öffentlich anerkannt. Dabei sind sie es, die das Leben auf unserem Planeten ein klein bisschen besser und wertvoller machen.

Wir verbrachten den ganzen Tag auf den Felskliffs und konnten dabei viele Paare beobachten, wie sie von ihren Nahrungsflügen zurückkamen und ihre Felshöhlen aufsuchten, um ihre Jungtiere, die dort auf Futter warteten, zu versorgen. Wie die Aras dabei, von hoch aus den Lüften kommend, in die Kliffs einflogen, ihre lauten Schreie gellen ließen, während sie zunächst am Rand der Kliffs einen Sitzplatz einnahmen, bevor sie vorsichtig zu ihren Höhlen hinabflogen, immer wieder die Gegend beobachtend, das war ein außergewöhnlicher Moment. Ein bisschen fühlte man sich wie im Territorium eines fremden Stammes, der keinen Kontakt mit der Zivilisation gehabt hatte. Noch ganz jungfräulich war und nichts wissen konnte vom Übel der Welt.

Hier, inmitten der roten Felsklippen, können die Lear-Aras sich richtig austoben. Elegant, selbstbewusst und unerreichbar boten sie uns eine perfekte Flugschau. Immer wieder änderten sie ihre Anflugrouten, schossen aus unterschiedlichen Richtungen herab, stoppten, wichen aus, ließen sich vom Wind treiben.

Wir genossen die nur durch die Laute der Aras unterbrochene Stille der Gegend. Und mir wurde eines klar: Wir sind hier nur zu Gast, das ganze Gebiet der Felskliffs gehört den Aras. Und nur ihnen. Es ist ihre Heimat. Sie dominieren diese Landschaft, und wir dürfen daran lediglich Anteil haben. Es gibt bestimmte ungeschriebene Regeln, wie man sich als Gast zu verhalten hat. Die gelten weltweit in jedem Kontext: Es geht darum, sich mit ruhiger Zurückhaltung zu verhalten, das Spezifische des jeweilig besuchten Ortes anzuerkennen, sich distanziert, nicht übergriffig zu verhalten und vor allem achtsam zu sein. Keine Zerstörung anrichten, keine bleibenden Spuren hinterlassen. Warum diese Regeln, die uns doch in unserem menschlichen Miteinander so wichtig sind, in der Natur immer wieder außer Kraft gesetzt werden, verstehe ich nicht. Warum sollten sie bei der Begegnung mit Tieren nicht ebenso gelten?

Yara Barros stellte uns den Sicherheitschef der Biodiversitas-Stiftung vor. Caboclo, ein für seine 48 Jahre ungemein jugendlich wirkender Typ mit Käppi. Die Arbeit an der frischen Luft in dieser grandiosen Natur wirkt offenbar wie ein Jungbrunnen! Lässt die Haut straff und die Augen klar. Caboclo fühlt sich für den Schutz und für die Sicherheit der Lear-Aras verantwortlich. Touristen laufen hier oben glücklicherweise keine herum. Nur aufgrund der Tatsache, dass ich drei Lear-Ara-Experten mit Forschungsauftrag begleitete, war es okay, dass auch ich hier saß. Caboclo beschäftigt sich übrigens intensiv mit der Erforschung des außergewöhnlichen Brutverhaltens der Lear-Aras.

Er erzählte, dass die Form und Länge der Nester der Lear-Aras in den Steilklippen stark variieren. Einige der Nester sind 30 Meter tief, andere Tiere wiederum begnügen sich mit 10 Metern. Und während einige der Nester gerade mal einen Durchmesser von 30 Zentimetern haben, haben andere einen von zwei Metern. Kurz: Es gibt keine Standardwohnung. Die einen mögen es großzügig, die anderen begnügen sich mit weniger Platz. Je nach der spezifischen Statusgruppenzugehörigkeit wahrscheinlich.

Was die Anzahl der Eier betrifft, hat der Forscher beobachtet, dass in freier Natur bislang maximal vier Eier von einem Vogelpaar gelegt wurden.

Nach drei Jahren Nestüberwachung kann man mit Sicherheit sagen, dass sich die Lear-Ara-Population nach und nach stabilisiert hat und die Anzahl der Küken und Jungtiere stetig ansteigt. Man darf also optimistisch sein.

Gut, dass ich meine Malariaprophylaxe nehme!
Schweren Herzens musste ich mich von der Idylle verabschieden. Die Dunkelheit brach herein und Spinnen und Schlangen, von denen es hier oben viele geben soll, wollte ich lieber nicht begegnen. Wie gesagt: Seit Kindesbeinen an habe ich eine regelrechte Phobie gegenüber diesen Tieren. Ich weiß – nicht sehr helden-

haft. Aber ich spare mir mein Heldendasein lieber für andere Situationen auf. Bald sollte ich wieder Gelegenheit dazu bekommen, unter Beweis zu stellen, dass ich mich durchaus etwas traute.

In den nächsten Tagen begaben wir uns auf die Pirsch und suchten in der weiteren Umgebung nach den Nahrungsbäumen der Lear-Aras, den Licuri-Palmen. Die Nüsse dieser Palme gehören zur Hauptnahrung der imposanten Tiere. Wir konnten viele Paare und etliche kleinere Gruppen mit bis zu 10 Tieren beobachten, aber auch etwa 30 Tiere gemeinsam in den Licuri-Palmen fressend oder auf höheren blätterlosen Bäumen rastend, entdecken. Man staune – bis zu 350 dieser Palmnüsse verzehrt ein Lear-Ara in der Regel pro Tag, und ob man es glaubt oder nicht, dafür fliegen diese Tiere von ihren Schlafplätzen aus 170 Kilometer täglich hin- und zurück. Doch da die Licuri-Palmen im Laufe der Zeit immer seltener wurden, haben sich die Lear-Aras als Alternative auch Mais als Nahrung erschlossen, um zu überleben. Der Hass der armen Maisbauern war ihnen somit sicher. Papageienfänger und Händler, die das große Geld machen wollten, haben zusätzlich dazu beigetragen, dass es vor ein paar Jahren nur noch knapp 100 Tiere gab. Schonungslos hatte man sie fast gänzlich ausgerottet. Ein ungeheurer Vorgang und ein schmerzvoller Verlust für die unverwechselbare Vielfalt der brasilianischen Fauna.

Nach so viel Natur war es fast ein kleiner Schock, zurück in die Zivilisation von Canudos zu kommen. In dieser Kleinstadt leben gut 15.000 Menschen in ärmlichen Verhältnissen. Dementsprechend spartanisch war auch unsere Unterkunft, an der das edelste der Name war »Hotel Brasil«. Die Klimaanlage hatte bereits einige Jahre auf dem Buckel, war – um es frank und frei heraus zu sagen – ungefähr so alt wie ich. Trotzdem konnte ich mich nicht recht mit ihr anfreunden und sehnte mich das ein oder andere Mal in die gekühlten Lobbyräume meiner gewohnten Unterkünfte zurück. Was mich daneben aber vor allem beunruhigte, waren die großen, gefährlich summenden Insekten, die beim Einschalten des Lichts Reißaus nahmen und in die hintersten Zimmerecken flüchteten. Schnell kroch ich unter mein Moskitonetz und versuchte zu vergessen, was um mich herum in der Dunkelheit so vor sich ging ...

Als wir am nächsten Morgen auscheckten, fiel mir der Abschied jedenfalls leicht.

Wir verließen die Caatinga und flogen gut 2500 Kilometer nach Campo Grande, in die Region Mato Grosso, wo wir die Biologin und Leiterin des Hyazinthara-Projektes Neiva Guedes treffen sollten. Als wir auf dem Flughafen von Campo Grande landeten, regnete es in Strömen, Blitze zuckten, ungeheure Donnerschläge ließen die Luft erzittern. Der Himmel weinte und zürnte, aber Neiva strahlte uns an und empfing uns mit ihrem Lieblingspapagei auf dem T-Shirt: dem Hyazinthara. Halbwegs trocken gelangten wir zum Auto. Der tropische Regen begleitete uns auf dem Weg ins Pantanal wie ein treuer Freund. Ich hätte gut auf ihn verzichten können, denn dadurch war die Aussicht stark eingeschränkt, und außerdem kamen wir auch nur halb so schnell wie geplant vorwärts.

Während mein Biologenfreund begeistert nach exotischen Tieren suchte, die wir hoffentlich bald sehen würden, wurde mir immer mulmiger bei dem Gedanken an die vielen exotischen Insekten, die es dort geben würde. »Gut, dass ich meine Malariaprophylaxe nehme«, dachte ich heimlich bei mir. Ich habe schon schlimme Geschichten gehört über abgestorbene Gliedmaße und vergiftete Körper im Dschungel. Kurz bevor wir unser Ziel erreichten, war der wüste Wetterspuk wieder vorbei, und der Himmel strahlte in herrlichem Blau.

Vorsicht, giftige Tiere!
Das Pantanal liegt im mittleren Südwesten Brasiliens und ist bekannt für seine atemberaubende Tier- und Pflanzenwelt. Die Gegend, die seit 2000 unter Naturschutz steht und von der Unesco zum Welterbe erklärt wurde, wird deshalb auch die Serengeti Brasiliens genannt. Und auch »diese Serengenti darf nicht sterben!« Jaguare und Riesenotter leben hier, Pumas, Tapire, Ameisenbären, Kapuzineraffen, Brillenkaimane, Riesenotter, Anakondas, Piranhas, mehr als 700 Vogelarten und und und ... Mit einer Fläche von 230.000 Quadratkilometern ist das größte Sumpfgebiet der Erde genauso groß wie die Bundesrepublik Deutschland vor der Wiedervereinigung. Einmal jährlich, zur Regenzeit, werden Teile dieses riesigen Gebiets überschwemmt, dann verwandeln sich Tümpel in Seen, Flüsse treten über die Ufer, Wiesen verschwinden, und aus dem Wasser ragen Bäume. Die Veränderung der Natur geht dabei langsam vonstatten, ihre Verwandlung hat nichts Bedrohliches. Am besten stellt man sich das Pantanal als eine gigantische Badewanne

vor, die von November bis März allmählich vollläuft. Ein absolut schöner, natürlicher Vorgang also, der sich zyklisch wiederholt und zur besonders fruchtbaren Atmosphäre in dieser »Serengeti« beiträgt.

Im Vergleich zur trockenen Savannengegend der Caatinga befanden wir uns nun also in einem sattgrünen, von Artenvielfalt dominierten Gebiet. Wahrlich paradiesische Zustände. Unser Hauptaugenmerk galt den größten Exemplaren unter den Papageien: den Hyazintharas.

Diese eindrucksvollen Aras sollten wir im Refúgio Ecológico Caiman finden. Dort hat Neiva Guedes ihre Feldstation und ihr Informationszentrum aufgebaut.

Auf dem Weg dorthin hätten wir fast eine Schlange überfahren, die sich todesmutig über die Sandpiste schlängelte. Wir stoppten. Das mutige Tier war eine Korallenschlange, eine Giftnatter mit rot-gelb-schwarzen Querringen. Hübsch anzusehen. Grazil, ungemein gewandt. Ihre Haut schimmerte matt in der Sonne, während sie sich totstellte. Nur hin und wieder stieß sie ihre kleine Zunge aus dem Mäulchen, Schlangen riechen mit der Zunge! Sie atmen durch Nasenlöcher. Für einen Moment vergaß ich meine Phobie, überwand meine Ängste und bewegte mich auf sie zu. Als ich Matthias fragte, ob ich sie kurz berühren könnte, wusste ich noch nicht, dass ihr Biss tödlich sein kann. Sofort wich ich ein paar Schritte zurück, während Matthias nach dem perfekten Winkel für ein Foto suchte.

Am Abend hörten wir von einem Einheimischen, dem wir von unserem Erlebnis erzählten, eine denkwürdige Geschichte: Es gibt verschiedene Arten, die als Korallenschlangen bezeichnet werden, die eine ist tödlich giftig, die andere ungiftig, sieht aber der giftigen zum Verwechseln ähnlich. Da gab es einen brasilianischen Schlangenforscher, der hatte zu Hause im Terrarium ein vermeintlich ungiftiges Exemplar, so lange, bis er gebissen wurde. Nun liegt er auf dem örtlichen Friedhof!

Das größte Problem, das die Population des Hyazintharas bisher im Pantanal hatte, war der Mangel an Nistplätzen, denn viele alte hohe Bäume, die groß genug gewesen wären, um Nisthöhlen zu bieten, waren der Säge zum Opfer gefallen. Brutale Rodung, die Ausbeutung der Natur, ist leider auch hier ein Problem, und gerade die Hyazintharas brauchen die riesigen Bäume, die auch so große Nisthöhlen bieten, dass eine ganze Arafamilie reinpasst. Man bedenke, es handelt sich bei den Hyazintharas um die größte Papageienart der Welt. Sie messen bis zu einem Meter Länge. Darauf wies mich eindrücklich Matthias hin, der in seiner Zuchtstation auf Teneriffa schon viele dieser seltenen blauen Papageien gezüchtet hat.

Seit Jahrhunderten wird hier Rinderzucht betrieben – nachhaltig und im Grunde unproblematisch für die Natur. Doch in den vergangenen Jahrzehnten wurde in dem Biosphärenreservat Wald abgeholzt – um die Weidewirtschaft voranzutreiben und Holzkohle zu gewinnen. Ohne Sinn und Verstand hat man zugelassen, dass Lebensraum zerstört wird auf Kosten eines nicht nachhaltigen Rohstoffes, der bald schon keine Verwendung mehr finden wird. Das ist das besonders Schmerzliche an solchen Begegnungen: die unsägliche Sinnlosigkeit der menschlichen Unternehmungen, die immer nur den unmittelbaren Moment im Auge haben. Dabei müsste man doch in ganz anderen Zeiträumen rechnen. In der Natur gilt eine andere Zeitrechnung – das vergessen wir viel zu schnell.

Nun sind die Hyazintharas mit einem Meter Länge aber eben die größten Papageien überhaupt, weshalb sie nicht auf kleinere Bäume ausweichen können – ihre Bruthöhlen müssen ja eine entsprechende Größe haben.

Durch das Anbringen und dauerhafte Unterhalten von mehr als 200 künstlichen Nistkästen hoch oben in den Bäumen, die die Hyazintharas gerne annehmen, gelang der Biologin und ihrem Team die Trendwende: Inzwischen leben nicht mehr nur 1.500, sondern über 5.000 Hyazintharas im Pantanal, Tendenz steigend. Ein großartiger Erfolg! Und einer, der nicht vom Himmel fiel, denn Neiva Guedes kämpft schon seit mehr als 20 Jahren unermüdlich für den Schutz dieser Vögel. Sie ist für die Hyazintharas das, was Jane Goodall für die Schimpansen in Afrika ist – nämlich die Mutter aller Hyazintharas. Dank ihrer aufopferungsvollen Arbeit im Schutzprojekt »Ara Azul« ist die bedrohte Population des größten Papageis der Welt erheblich angestiegen. Interessant ist übrigens, dass alle blauen gefiederten Kollegen zwar aus Brasilien stammen, aber erstaunlicherweise in komplett unterschiedlichen Gegenden zu Hause sind.

Neiva Guedes hat gewissermaßen ein riesiges Reservat für Tiere unterschiedlicher Herkunft gegründet. Hier können sie sich frei aufhalten und sich von so mancher traumatischen Erfahrung erholen.

Neiva stellte uns ihren Zögling vor: den dreijährigen Ino. Die Polizei hatte ihn bei einem Papageienfänger beschlagnahmt. Damit Ino wieder ausgewildert werden kann, muss er lernen, wie Hyazintharas in freier Wildbahn leben. Neiva holte ihren bezaubernden Sprössling für uns aus dem Käfig – und wir beide verstanden uns auf Anhieb. Zugegeben, diese Vertrautheit ist kein großes Kunststück, schließlich ist Ino ausgesprochen zutraulich. Er denkt nicht im Traum daran, von der Seite seiner fürsorglichen Ziehmutter zu weichen oder gar fortzufliegen und sich der rauen Wildnis auszusetzen. Dort bläst der Wind frischer als auf Neivas Schultern. Trotz Inos Anschmiegsamkeit brachte ich meine Brille in Sicherheit, man weiß ja nie, ob so ein Papagei darin womöglich ein geeignetes Spielzeug entdeckt ...

Das Tier war wunderschön: Bei einem Hyazinthara, der bis zu 50 Jahre alt wird, haben wir es mit einer eindrucksvollen Vogel-Persönlichkeit zu tun, deren kobaltblaues Gefieder und intensive gelbe Augenringe sowie Wangenhaut in der Sonne wie ein Brillant leuchten. Die Größe des Schnabels ist beeindruckend und macht sofort klar, von was sich ein Hyazinthara ernährt: Nüsse mit extrem harter Schale. Um sie zu knacken, braucht der Papagei ein Öffnungswerkzeug mit enormer Hebelkraft. Der Schnabel des Hyazintharas ist eine Art Nussknacker – besser, das schöne Tier beißt einem nicht in die Finger ... Neben Walnüssen, Haselnüssen, Mandeln, Macadamianüssen, Paranüssen und frischen Kokosnüssen mögen Hyazintharas auch Gemüse und Obst, insbesondere Bananen.

Bei so einem Schnabel wäre eine Voliere aus Holz natürlich fahrlässig, und das Tier hätte leichtes Spiel beim Ausbüchsen. Damit sich Ino nicht langweilt, bekommt er viel frisches Holz, das er ausgiebig benagen und in kleine Späne zerlegen kann. Von einer Persönlichkeit zu sprechen ist bei ihm übrigens wirklich angebracht – man merkt sofort, wie klug und verständig diese Tiere sind. Was sie alles bemerken und wie scharf ihre Sinne sind. Ich glaube, wir zunehmend immer unkonzentrierter werdenden Menschen könnten uns viel von ihnen abschauen. Und zumindest anerkennen, dass sie uns in manchem deutlich überlegen sind – auch jenseits des Nussknackens.

Wo unsere menschlichen Organismen beispielsweise bei einer Luftfeuchtigkeit bis zu 90 Prozent und Temperaturen über 40 Grad sehr zu kämpfen haben, fühlen sich die Hyazintharas so richtig wohl. Und auch hier hat die Natur wieder ganze Arbeit geleistet: Papageien haben keine Schweißdrüsen wie wir Menschen, sondern sie geben, wie es Hunde auch tun, warme Luft über das Ausatmen ab. Sie öffnen einfach ihren Schnabel, strecken ihre langen Zungen raus und atmen kräftig. Was für eine sinnvolle und hilfreiche Erfindung von Mutter Natur: Jedes Mal, wenn ich mich in meinem verschwitzten Hemd im Spiegel sehe, dann denke ich jetzt an diese großartige Möglichkeit, einfach den Mund zu öffnen und alle Hitze aus dem Körper ablassen zu können. Manchmal hilft es den Papageien aber sogar bereits, sich ein schattiges Plätzchen in den hohen Bäumen zu suchen. Dann müssen sie nicht einmal den Mund aufmachen.

Dass Ino so zahm ist, ist nicht unbedingt von Vorteil für seine Zukunft. Sollte er seine Zutraulichkeit nicht ablegen, wäre es sicherer für ihn, in einem Zoo zu leben oder bei einem von der brasilianischen Naturschutzbehörde zugelassenen Züchter. Aber Neiva wird gewiss die richtige Entscheidung für ihn treffen. Noch hat er ein paar Tage Zeit, sich die Sache gut zu überlegen.

Papageien, die in Menschenobhut aufgewachsen sind, verhalten sich in freier Wildbahn oft wie Dilettanten. Sie kennen weder Futterpflanzen noch deren Standorte oder Verfügbarkeit über den Jahresverlauf hinweg. Natürliche Feinde? Fehlanzeige. Erst mal ist jeder ein Freund. Den Tieren das Überleben in der Wildnis beizubringen ist eine schwierige Sache und deutlich einfacher, wenn in der Natur noch ein paar Papageien herumfliegen, die brüten und Junge aufziehen. So kann man nämlich die Gelegegröße einfach aufstocken, indem man den Tieren heimlich Eier oder sogar Jungtiere unterschiebt. Das gelingt allerdings nur, wenn die Gegend genügend Nahrungsquellen bietet.

Dass Spixaras in der Natur ausgestorben sind, macht die Sache so schwierig. Für 2020 sind Zuchtgehege im ehemaligen Verbreitungsgebiet der Vögel geplant. Dort sollen Spixaras dann Junge bekommen, die die Voliere irgendwann verlassen – aber anfangs wegen der engen Bindung an die Eltern immer wieder zurückkommen. Nach und nach, so die Hoffnung, werden sie sich aber neue Räume erschließen und immer seltener zurückkehren.

Man nennt diese Strategie auch einen *Softrelease*. Ein Ausdruck, den ich bislang nicht mit Papageien in Verbindung gebracht habe.

Bei Papageienarten mit freilebenden Tieren ist alles viel einfacher – da schließen sich die ausgewilderten

Tiere einfach den alten Hasen an und lassen sich alles, was sie wissen müssen, beibringen. Mitte der neunziger Jahre hat man das mit neun im Loro Parque gezüchteten Rotrückenaras getestet. Die Auswilderung der besenderten Jungtiere war ein voller Erfolg. Vögel der Freilandpopulation bildeten Paare mit gezüchteten Tieren und brüteten sogar erfolgreich!

Bis heute gibt es weltweit leider nur sehr wenige Auswilderungsprojekte für Papageien, aber die allerbeste Methode ist ohnehin der Papageienschutz. Es darf erst gar nicht so weit kommen, dass eine Art ausstirbt! Wir müssen alles daransetzen, ein Bewusstsein dafür zu schaffen, dass es hier um kostbare Schätze geht, die wir nicht einfach verspielen dürfen. Denn was uns klar sein muss: Viele unserer leichtfertigen Handlungen haben irreversible Folgen und enorme, von uns überhaupt nicht berechenbare Nachwirkungen auf die Natur und ihre vielen Bewohner. Das ist die Quintessenz dessen, was mir auf meinen Artenschutz-Reisen immer wieder durch den Kopf ging.

Warum das Beobachten von Papageien die beste Paartherapie ist

Wir gingen auf Entdeckungstour in die Wildnis, pirschten uns langsam an die in den Bäumen sitzenden Aras heran und beobachteten sie. Nie zuvor war ich wilden Papageien derart nahe gekommen. Was man von ihnen in unseren Zoologischen Gärten sieht, ist nicht annähernd repräsentativ für ihr Verhalten in der freien Wildbahn. Ihr keckes Auftreten hier, ihre unvorhersehbaren Schreie und Körperbewegungen lassen einen staunen und mitfiebern, was wohl im nächsten Moment geschieht.

Plötzlich entdeckten wir auch zwei Riesentukane, die uns interessiert beäugten, als wären sie an neuen Bekanntschaften interessiert. Doch dafür hatten wir jetzt keine Zeit. Matthias und ich mussten mit anpacken, denn Neiva und ihr Kollege Cesar wollten vor Einbruch der Dunkelheit noch einen beschädigten Nistkasten gegen einen neuen austauschen. Mutig kletterte Cesar mit lockerem Schritt zehn Meter in die Höhe. Mir wurde allein beim Zugucken angst und bange. Meine Nervosität war natürlich völlig unbegründet – erstens war unser Klettermeister gesichert, zweitens war er ein Profi und befestigte mit wenigen Handgriffen gekonnt das neue Zuhause. Der mit Holzspänen ausgelegte Nistkasten Nr. 221 wartete nun nur noch darauf, bezogen zu werden. Gut, die Unterkunft hing ein bisschen schief, aber der Haussegen war dadurch anscheinend nicht in Mitleidenschaft gezogen. Die etwas unkonventionelle Anbringung des Kastens störte den ersten Interessenten wohl überhaupt nicht. Sofort kam ein Tier angeflogen, steckte neugierig den Kopf durch das kleine Einschlupfloch und gab uns dann mit einem anerkennenden Blick zu verstehen: Hauptsache, ein frisches Nest zum Brüten … Zur Brutzeit leben die Papageien meist paarweise, die wenigsten ziehen es vor, in der Kolonie zu brüten. Man weiß schließlich nicht, mit wem man es da so zu tun bekommt. Ein sehr nachvollziehbares Verhalten, wie ich übrigens finde. Ich habe auch immer etwas gegen die zwanghafte Kollektivierung gehabt, nichts war für mich schlimmer als diese All-inklusive-Hotels **41** an Mittelmeerküsten, wo man morgens, mittags und abends gezwungen wird, miteinander am Pool zu liegen oder Olivenkerne in die Hecke zu spucken. Das selbstständige Leben war für mich immer das größte Gut. Daher kann ich die Skepsis gegenüber so einer Kolonie sehr gut nachempfinden.

Außerhalb der Brutzeit aber gelten andere Muster: Viele Arten sammeln sich, bilden große Schwärme und gehen gemeinsam auf Nahrungssuche. Fressneid, wie wir Menschen ihn kennen, ist Aras fremd. Papageien sind extrem soziale Tiere, die man immer mindestens zu zweit halten sollte. Die Paare halten sehr zusammen, kraulen und necken sich den ganzen Tag. Wer weiß, ob wir uns nicht manche aufwendige und teure Paartherapie sparen könnten, wenn wir einfach ein paar Stunden so einem Papageien-Paar zuschauen würden.

Bis zur Geschlechtsreife dauert es bei ihnen eine ganze Weile. Vor dem fünften Lebensjahr kommt es kaum zu Brutaktivitäten bei den großen Ara-Arten, meistens dauert es sogar noch länger. Die beste Phase der Reproduktion der Hyazintharas liegt zwischen dem 10. und dem 25. Jahr. In der Regel werden zwei, manchmal nur eines, ganz selten auch einmal drei Eier pro Gelege produziert.

Unsere Aktion war jedenfalls ein voller Erfolg. Dummerweise hatten auch die Stechmücken einen tadellosen Job erledigt. Allein mein rechter Fuß war mit roten Stichen übersät, die höllisch juckten – mindestens zehn müssen es gewesen sein! Diese Biester ...

Das Bier am Abend hatten wir uns redlich verdient. Erschöpft und glücklich sanken wir danach in unsere Betten, lauschten dem Konzert der Natur, das durch die geöffneten Fenster zu uns drang, und träumten von den Abenteuern am nächsten Tag ...

Und der begann bilderbuchhaft: Eine Entenfamilie absolvierte vergnügt ihren Morgenspaziergang, ein Hyazinthara flog durch die Lüfte, im Baum saß ein schwarzer Brüllaffe, der seinem Namen alle Ehre machte, was die Wasserschweine am Rande eines Tümpels allerdings nicht davon abhielt, die Sonne zu genießen. Ausnahmsweise drehte sich einmal nicht alles um Papageien. An diesem Tag streiften wir einfach ziellos durch die Wildnis und ließen uns überraschen.

Einen Wunsch hatten wir allerdings doch: Wir wollten unbedingt einen großen Ameisenbären treffen. Ich hatte schon fast nicht mehr zu hoffen gewagt, als er plötzlich keine zehn Meter von uns entfernt mit schaukelndem Gang gemächlich durch das hohe Gras streifte. Was für ein skurriles Säugetier! Ein dunkler, etwa zwei Meter langer Riese mit buschigem Schwanz war da unterwegs. Der Ameisenbär, der mit dem Faultier und dem Gürteltier verwandt ist, hat eine lange, bananenförmige Schnauze, eine Art Rüssel, mit dem er den Boden nach Ameisen und Termiten absucht. Seine klebrige, 60 Zentimeter lange Zunge versenkt das Tier in Ameisennestern und Termitenhügeln. Bis zu 40.000 Ameisen am Tag verspeist so ein Großer Ameisenbär. Ansonsten steht nämlich nichts auf dem Speiseplan. Ameisenbären sind äußerst genügsam. Sie benötigen nicht einmal fremde Decken, weil sie sich beim Schlafen mit ihrem eigenen Schwanz zudecken. Ihr Gehör soll 40 Mal empfindlicher als das des Menschen sein. Besonders schlau sind die Tiere allerdings **43**

nicht, was sie nicht unsympathischer macht, im Gegenteil, ihre Trantütigkeit hat etwas Rührendes. Wir
hatten es mit einer Ameisenbärenmutter zu tun, die
ihr Baby huckepack trug, was mir vor lauter Aufregung
im ersten Moment entgangen war – was wäre ich nur
ohne meinen Biologenfreund mit den Adleraugen …
Bis zu 9 Monate nach der Geburt trägt eine Ameisen-
mutter ihr Kind auf dem Rücken spazieren – es gibt
ungemütlichere Plätze, um vorsichtig und gut getarnt
mit der Welt Kontakt aufzunehmen.

Stippvisite beim Großgrundbesitzer und Krokodilliebhaber

Der Abschied nahte. In der Ferne, wo die ersten Tage
meist langsam vergehen, rast die Zeit bald dahin. Auch
wir machten wieder einmal eine solche Erfahrung …
Doch bevor wir dieses Wunderland mit seinem Artenschatz endgültig verlassen mussten, machten wir noch
einen kurzen Abstecher zu einem in Brasilien bekannten Mann, der sich durch sein leidenschaftliches Engagement viele Meriten erworben hat: Roberto Klabin,
genannt Papier-Baron, ist ein erfolgreicher Geschäfts-
mann, der das Unternehmen seines Vater übernommen und in den achtziger Jahren eine Rinder-Ranch
mit sehr viel Land im Pantanal gekauft hat. Nicht, um
es sich dort gut gehen zu lassen, auszuspannen und die
hektische Metropole São Paulo für einen Augenblick
zu vergessen, während die Rinderzucht nebenbei Geld
abwirft, sondern um ein Naturschutzprojekt auf die
Beine zu stellen. Klabin hatte jahrelang recherchiert,
er hat Öko-Resorts in Südamerika besucht, in Vene-

zuela und in Costa Rica. Was er dort über nachhaltigen Tourismus und Umweltschutz lernte, inspirierte und bestärkte ihn, seinen Beitrag zum Arten- und Landschaftsschutz zu leisten. Er wurde ein Pionier im Pantanal. Der Großgrundbesitzer, Herr über 253.000 Hektar, ließ Wissenschaftler einfliegen und setzte diese auf die Hyazintharas an. Das war der Startschuss, seither ist viel passiert im Reich Roberto Klabins, auf der Fazienda Caiman. Inzwischen können sich auch Gäste in der Caiman Eco Lodge einmieten: kein ganz günstiger Spaß, aber sehr gut investiertes Geld, das einem nicht nur einen Aufenthalt in einer atemberaubenden Landschaft ermöglicht, sondern auch noch in den Schutz dieses einmaligen Fleckchens Erde fließt.

Roberto Klabin, ein sympathischer Mann, empfing uns mit großer Herzlichkeit. Sofort zeigte er uns einen seiner Lieblingsplätze am Fluss: Dort lagen regungslos im Wasser etliche Kaimane und scannten mit ihren Augen die Gegend nach Beute ab. Die mit den Alligatoren verwandten Kaimane wurden in den achtziger Jahren massenhaft abgeschlachtet, und ihre begehrten Häute wurden zu Geld gemacht. Auch heute treiben zahllose Wilderer ihr Unwesen und dezimieren die Art. Sämtliche Kaiman-Arten kommen nur in Mittel- und im nördlichen Südamerika vor. Am bekanntesten sind der Krokodil- und Brillenkaiman. Diese Einzelgänger werden bis zu zwei Meter lang, bringen durchschnittlich 60 Kilogramm auf die Waage und haben ein relativ langes Leben: nämlich um die 60 Jahre. Dass sie scheu sind, Fische, Weichtiere und Amphibien mögen und Menschen, ihre einzigen Feinde, lieber meiden, beruhigte mich nicht wirklich. Ich fühlte mich geradezu verfolgt von den durchdringenden Blicken der Kaimane – natürlich Einbildung ...

Sich für den Umweltschutz einsetzen, für die Schönheit der Natur mit Herzblut kämpfen, das heißt für Roberto Klabin, sich um eine wirklich zivilisierte Gesellschaft zu bemühen, die sich eben nicht durch Gewinnmaximierung und Ausbeutung hervortut, sondern sich für die Bewahrung der Natur stark macht. Sein Land sei davon zwar noch weit entfernt, doch es gebe Fortschritte, sagt Klabin. Projekte wie die von Neiva Guedes und Roberto Klabin sind auch deshalb so wichtig, weil sie die Gesellschaft lehren, Tiere wertzuschätzen. Bildung schärft den Blick, sie verändert nie hinterfragte Verhaltensweisen, ohne Bildung schreitet die Zerstörung voran, ohne sie verliert unser Planet Stück für Stück seine einzigartige Vielfalt. Auch die Rancher im Pantanal mussten erst lernen, dass sie zum Beispiel bestimmte Bäume besser nicht fällen, weil Hyazintharas dort ihre Nistplätze bauen. Oder dass der Jaguar nicht ausschließlich ein Rinder reißender Feind ist, die Pest, wie er auch genannt wird, sondern eine vielversprechende Einnahmequelle, die spendierfreudige Touristen anlockt.

Am Abend, als die Sonne verschwand und sich die Schwärze über das Pantanal legte, als man nichts mehr sah, aber umso mehr hörte, da beschloss ich, selbst etwas zu tun, für den Artenschatz zu kämpfen, zu reisen und Menschen zu besuchen, die für den Erhalt bedrohter Tiere kämpfen – und ohne die wir so viel ärmer wären.

DIE RETTER DER ORANG-UTANS
Unsere Reise nach Borneo

Indonesien also. Meine nächste aufregende Reise. Als die Maschine nach einem schier endlos langen Flug endlich in Jakarta landete, war ich so nervös wie ein kleines Kind – und schlagartig wieder hellwach. Nichts wie raus hier, schließlich wartete erneut ein großes Abenteuer auf mich. Die Mission war klar: Ich wollte hautnah miterleben, wie fünf beschlagnahmte Orang-Utans eine zweite Chance bekommen und ein neues Leben beginnen – in Freiheit. Aber bevor ich in den nächsten Wochen über Sulawesi bis nach Kalimantan, den indonesischen Teil Borneos, weiterreiste, mitten in die Wildnis und tief hinein in den Dschungel zu den größten heute noch lebenden Baumsäugetieren, gab es erst einmal ein paar wichtige Angelegenheiten in Jakarta zu erledigen.

Kaum hatte ich das Terminal verlassen, befand ich mich in einer anderen Welt – auch klimatisch: Die Sonne brannte vom Himmel, das Thermometer zeigte 32 Grad im Schatten, die Luftfeuchtigkeit lag bei 83 Prozent. Typisches indonesisches Saunafeeling also. Ich war sofort durchgeschwitzt. Das Wasser rann meinen Körper herunter, als stünde ich unter der Dusche. Dass dieses Gefühl während dieser Reise zu einem Dauerzustand werden würde, wusste ich da noch nicht. Ich stieg in ein Taxi und los ging's Richtung Zoo. Von Urwald ist in der rasant wachsenden Metropole Jakarta natürlich keine Spur zu finden. Zehn Millionen Menschen leben hier. Blickt man aus dem Autofenster in den wuseligen, von permanentem Hupen begleiteten Verkehr, hat man den Eindruck, dass neun von den zehn Millionen Einwohnern ein Motorrad besitzen. Und der Linksverkehr ist natürlich auch eine Sache, an die man sich erst gewöhnen muss. Überhaupt, hat man hier eigentlich schon mal etwas von Verkehrsregeln gehört? »Gott sei Dank« saß ich nicht am Steuer, sondern konnte das Treiben einigermaßen entspannt aus dem klimatisierten Auto beobachten. Draußen zog die Stadt an mir vorbei: verspiegelte Hochhausfassaden, Shoppingmalls, und an gefühlt jeder Ecke hatten Verkäufer kleine Stände errichtet und boten Hühnchen mit Reis für umgerechnet 80 Cent an.

Jakarta liegt auf der Insel Java, das ist eine der vier großen Sundainseln Indonesiens. Weitere große Inseln sind Sumatra, Borneo und Sulawesi. Von Natur aus gibt es hier auf Java gar keine Orang-Utans. Trotzdem werden in Jakarta jedes Jahr Dutzende von ihnen beschlagnahmt, die als Haustiere gehalten werden oder ein furchtbares Dasein in Kneipen fristen, wo sie angebunden zur Belustigung der Gäste herhalten müssen. Sogar in Bordellen werden ganzkörperrasierte Orang-Utan-Weibchen eingesetzt, um die perversen Gelüste der Freier zu bedienen – all das ist offiziell natürlich streng verboten. Der Zoo, zu dem ich fuhr, fungiert gleichzeitig auch als Auffangstation. Hier würde ich zum ersten Mal auf dieser Reise Orang-Utans sehen. Der Sumatra-Orang-Utan gehört zu den vom Aussterben bedrohten Primatenarten, die letzten Vertreter dieser Menschenaffen leben auf Sumatra und Borneo.

Im Zoo von Jakarta, dem größten des Landes, wurde ich bereits erwartet: von dem Naturschützer,

Idealisten und Orang-Utan-Versteher Willie Smits, der sich, nachdem er eine Erbschaft von 6 Millionen erhalten hatte, seit über 20 Jahren für die Rettung der Menschenaffen einsetzt. Ein wirklich leidenschaftlicher Kämpfer mit einem großen Herzen. Außerdem traf ich hier meinen treuen Freund und Reisebegleiter Matthias Reinschmidt.

Willie hat aus eigener Initiative ein modernes, an den Zoo angeschlossenes 20 Hektar großes Primatenzentrum aufgebaut. Ich hatte ihn vor einigen Jahren als Studiogast in meine SWR-Sendung »Menschen der Woche« eingeladen und war von seinem unglaublichen Einsatz für den Schutz der Orang-Utans derart beeindruckt, dass ich mir damals schwor, diesen Mann einmal in Indonesien besuchen zu wollen. Jetzt war ich hier.

Willies Liebe zu den Orang-Utans nimmt seinen Anfang mit einer traurigen Geschichte. Er hatte schon viele Jahre als Forstwirt und Wissenschaftler in Indonesien gearbeitet, als er eines Tages auf einem Wochenmarkt schlenderte und zufällig einen kleinen Gitterkäfig entdeckte. Aus ihm blickten ihn die traurigsten Augen der Welt an: die eines Orang-Utan-Babys. Der herzzerreißende Blick verfolgte Willie den ganzen Weg bis nach Hause und ließ ihn auch später nicht mehr los. Abends, als die Sonne schon untergegangen war, kehrte er zu dem Markt zurück. Der kleine Orang-Utan lag mit geschlossenen Augen und nur noch schwach atmend auf einem Müllhaufen, weggeworfen wie eine unbrauchbare Ware, ein beschädigtes Objekt. Smits nahm das Orang-Utan-Baby – ein kleines Mädchen, wie sich bald herausstellte – **49** mit nach Hause, steckte ihm einen Strohhalm in die Kehle, damit es atmen konnte, und massierte das Tier. Er gab dem Orang-Utan-Baby den Namen Uce. So fing alles an.

Orang-Utans teilen mit uns 97 Prozent ihres Erbguts

Gemeinsam mit Willie und Matthias stand ich jetzt also vor einem riesigen, mit Bäumen, Sträuchern und Palmen bewachsenen Zoo-Gehege. Ein Stück Regenwald mitten in der pulsierenden Großstadt. Das Areal, in dem die Tiere leben, ist tatsächlich gigantisch und nicht zu vergleichen mit Dimensionen in europäischen Zoos, wo man sich beim Blick in die Gehege oft wünscht, die Tiere hätten mehr Platz. Mehr Freiheit. Ich war wirklich überrascht von der Großzügigkeit, die hier herrschte. Von den Orang-Utans trennte uns kein Gitter, sondern nur ein Wassergraben. Die Luft war von fremdartigen Geräuschen erfüllt, ein Konzert aus Tierlauten, aber natürlich konnte ich keinen einzigen Ton einem bestimmten Tier zuordnen. Obwohl ich in einem Zoo war, spürte ich tatsächlich einen Hauch von Dschungelgefühl. Ich kam mir wie ein Abenteurer vor, der sich gleich auf den Weg macht auf eine Reise mit ungewissem Ausgang. Ohne Furcht, aber mit einem großen Nervenkitzel.

Dann, hinter einem laubbedeckten Ast, sah ich sie plötzlich: die ersten Orang-Utans auf dieser Reise. Die Hitze und Müdigkeit, die sich nach den Reisestrapazen langsam meines Körpers bemächtigt hatte, die Ungewissheit und Vorsicht, alles war in diesem Moment vergessen. Mein Herz klopfte, mein Atem wurde ganz ruhig. Ich staunte, wie unglaublich geschickt die Orang-Utans ihren stämmigen Körper bewegten, wie sie sich gemächlich mit ihren langen Armen und Klammerfüßen von Ast zu Ast schwangen und dabei die aberwitzigsten Verrenkungen vollführten. Gebannt schaute ich ihnen zu. Ihr langes, zotteliges Fell glänzte rotbraun in der Sonne. Es dient als natürlicher Schutz gegen Nässe, schließlich regnet es in den Tropen oft, und das Wasser perlt gewissermaßen am Fell der Orang-Utans ab, damit die Haut darunter trocken bleibt. Kaum ein anderes Tier ist in freier Wildbahn so schwer zu beobachten wie die Orang-Utans, die im Gegensatz zu allen anderen Menschenaffen den größten Teil der Zeit in den Baumkronen der Urwaldriesen verbringen, meistens allein oder – wenn es sich um Weibchen handelt – mit einem Baby, in 20 bis 30 Metern Höhe. Dass sie nicht wie Schimpansen kreischen, erschwert die Suche nach ihnen zusätzlich. Die Wissenschaft unterscheidet zwei Arten: den Borneo-Orang-Utan und den Sumatra-Orang-Utan. Hinzu kommen drei Borneo-Unterarten: der Nordwestborneo-Orang-Utan, der Zentralborneo-Orang-Utan und der Nordostborneo-Orang-Utan. Je nach Art beziehungsweise Unterart hat das Fell der Tiere eine unterschiedliche Farbe, es kann rotbraun sein, menningerot, orange, braun und sogar braunschwarz. Je älter ein Orang-Utan ist, desto dunkler ist sein Fell. Das malaiische Wort für Orang-Utan bedeutet übersetzt übrigens »Waldmensch«. Eine großartige Bezeichnung für diese Tiere – schließlich teilen sie mit uns 97 Prozent ihres Erbguts!

Wir gingen weiter zum Gorilla-Gehege. Anders als die Orang-Utans kommen die Gorillas nicht aus Indonesien, sondern aus Afrika. Mitten im Gehege, wie zum Absprung bereit, saß Kumbo, der Silberrücken, ein 200 Kilogramm schweres Kraftpaket. Leicht nervös wandte ich mich an Willie: »Sag mal, Willie, wenn der jetzt Anlauf nimmt und über den Wassergraben springt, sind wir dann ernsthaft in Gefahr? Eis essen möchte der ja sicher nicht mit uns.«

»Er könnte es wahrscheinlich schaffen. Aber gemacht hat er es noch nie.«

Keine sehr beruhigende Auskunft... Erst als Kumbo eine Palme hochkraxelte, sich eine Kokosnuss schnappte, sie mit den Zähnen öffnete und ihr seine ganze Aufmerksamkeit schenkte, atmete ich durch. Die vier Gorillas, die auf der Anlage leben, können sich von dem, was um sie herum wächst, tatsächlich komplett ernähren. Sie haben hier alles, was sie zum Leben brauchen. Und dazu sind sie in Sicherheit. Wer es hier hin geschafft hat, lebt in einem wirklichen Paradies.

Ein ganz besonderer Handkuss
Aber hinter den heiteren Zookulissen verbirgt sich noch eine zweite, weniger heile Welt: dort sind nämlich die beschlagnahmten Orang-Utans untergebracht. Die meisten von ihnen wurden als Haustiere gehalten und warten nun auf ihre Auswilderung. Willie brachte uns zu ihnen. Oki hat eine besonders traurige Geschichte: Der Menschenaffe ist fast 40 Jahre alt und verbrachte sein komplettes bisheriges Leben in Gefangenschaft. Ein gequältes, traumatisiertes Tier, das

sich in einem schrecklichen Zustand befand, als es auf einem Markt in Jakarta, wo es skrupellose Händler zum Verkauf angeboten hatten, beschlagnahmt und in den Zoo gebracht wurde. Das war Okis Rettung. Willie kniete sich auf den Boden, direkt vor den großen Käfig, in dem Oki übergangsweise lebte. Er streckte seine Finger zwischen den Gitterstäben hindurch, um das Tier zu streicheln und ihm dadurch auf seine ganz spezielle Art nahe zu sein: Willie kennt nämlich nicht nur das Verhalten der Menschenaffen, er redet auch mit ihnen – zumindest sagt er das. Er imitiert ihre Bewegungen und stößt Laute aus: »Uh, uh, uh, uh, uh!« Dass Willie den Orang-Utans so gefühlsgetrieben begegnet und mit ihnen redet, werfen ihm viele Kritiker vor. Aber wenn man neben ihm steht, wenn man beobachtet, wie er mit Oki Kontakt aufnimmt, spürt man, dass er tatsächlich eine ganz spezielle Verbindung zu den Tieren hat. Könnte er sich nicht so in sie hinein versetzen, dann hätten die Tiere nicht so ein großes Zutrauen zu ihm.

Natürlich stellte er mich Oki vor:

»So, das ist der Frank, schau ihn dir gut an, er ist ein Showmaster aus Deutschland.«

Ich ging in die Hocke und näherte mich Oki. Ich streckte ihm meine Hand entgegen, und Willie sagte: »Jetzt wird er gleich deine Hand küssen.« Bestimmt ein Scherz, dachte ich noch, aber nur Sekunden nach Willies Ankündigung spürte ich plötzlich die weichen Lippen des Tieres auf meiner Hand. Meine erste Kontaktaufnahme mit einem Orang-Utan. Und dann gleich eine so intime Begegnung. Ganz bezaubert verharrte ich noch einige Sekunden in meiner Position und genoss den Moment dieser großen Nähe. Mit diesem Handkuss hatte ich sofort alle Scheu verloren.

Mein Biologenfreund Matthias beobachtete mein gefühliges Treiben natürlich ziemlich kritisch, schließlich ist er durch und durch Wissenschaftler. Dass er seine Wissenschaft und seine Lehrbücher für einen Augenblick vergisst und ganz und gar frei, mit offenem Herzen auf die Tiere zugeht, dafür war es im Zoo von Jakarta wohl noch zu früh. Einen Käfig weiter saß ein Weibchen mit einem zwei Jahre alten Baby. Auch diese beiden warteten sehnsüchtig auf ein Leben in Freiheit.

Das Auswildern eines Orang-Utans ist natürlich kein Unterfangen, das sich an einem Vormittag erledigen lässt. Bevor die Tiere in ihren neuen Lebensraum entlassen werden, müssen sie erst lernen, wie sie in der Wildnis überleben. Sie müssen fit für den Dschungel gemacht werden und bestimmte Fertigkeiten erwerben. Dazu gehört, dass sie mindestens hundert verschiedene Bäume und Futterpflanzen kennen und lernen, wie man aus stabilen Ästen, Zweigen und Blättern ein Nest in den Bäumen baut. Und: Obwohl Orang-Utans eigentlich Einzelgänger sind, brauchen sie Bezugsindividuen. Ein paar enge Freunde sind für ausgewilderte Tiere enorm wichtig. Willie sagt, dass es mindestens sechs sein sollten. Einzelgänger sind sie übrigens nicht aus Hochmut, etwa weil sie sich ungern mit ihren Artgenossen abgeben. Ganz im Gegenteil. Doch würden sie in Gruppen auf Futtersuche gehen, bliebe wohl nicht für jeden Affen genug Nahrung. All das müssen die von der Zivilisation missbrauchten Tiere jedoch erst wieder lernen. Je nachdem, wie klug ein Tier ist, variiert die Zeit in der Affenschule. Die Orang-Utans müssen mindestens 6-7 Jahre alt sein, um ausgewildert werden zu können.

Ein weiterer Höhepunkt war der Moment, als Willie mich zum Abschluss unseres Zoobesuchs noch mit ins Orang-Utan-Gehege nahm und ich plötzlich inmitten einer Gruppe Orang-Utans stand. Willie sprach sofort wieder mit den Tieren: »Oh, oh! Hallo Sajang! Oah, oh! Uahh. – Hahaha. – Uh, oh, ah, ah!«

Zugegeben, das war schon ein komisches Gefühl, den Orang-Utans so ungeschützt gegenüberzusitzen. Trotzdem hatte ich keine Angst, denn die Gruppe wirkte unglaublich friedfertig. Orang-Utans sind sehr sanftmütige Tiere. Langsam begann ich zu verstehen, warum sie »Waldmenschen« genannt werden …

Eine Arche Noah im Mangrovenwald
Am nächsten Tag verließen wir Jakarta und reisten weiter nach Sulawesi. Sulawesi ist die drittgrößte Insel Indonesiens und mit rund 180.000 Quadratkilometern etwa halb so groß wie Deutschland. Der Äquator verläuft mitten durch die Insel, die geografisch zwischen der asiatischen und der australischen Tier- und Pflanzenwelt liegt. Dadurch haben sich hier evolutionär bedingt einige endemische Besonderheiten entwickelt, sprich Lebensformen, die nur hier vorkommen: wie zum Beispiel 42 Vogelarten, die es nirgendwo sonst auf der Welt gibt, aber auch über 120 Reptilienarten und ganz besondere Säugetiere wie Schopfmakaken, Babirusas, Sulawesi-Pustelschweine oder gar acht Arten von Koboldmakis. Viele dieser Ar-

ten sind vom Aussterben bedroht und stehen auf der Roten Liste. Nach Brasilien ist Indonesien das Land mit der größten Artenvielfalt der Erde.

Im Norden Sulawesis, genauer gesagt in Tasikoki, hat Willie 2004 eine der größten Wildtier-Rettungsstationen der Welt aufgebaut: das Tasikoki Wildtier-Rettungscenter, eine riesige Auffangstation für beschlagnahmte Wildtiere aller Art. Auf über 55 Hektar Land ist ein Refugium entstanden, das für viele Tierarten die letzte Hoffnung darstellt. Der Standort ist kein Zufall: Sulawesi gilt als Dreh- und Angelpunkt des internationalen Tierschmuggels. Gerade von Nord-Sulawesi aus werden viele Wildtiere aus ganz Indonesien über die nahe gelegenen Philippinen auf den Weltmarkt geschmuggelt. Die Tasikoki Wildtier-Rettungsstation unterstützt die Behörden dabei, diese Verbrechen an der Natur zu bekämpfen. Konfiszierte Tiere versucht man zu rehabilitieren und, wo immer es möglich ist, sie wieder in ihrem ursprünglichen Habitat auszuwildern.

Als wir in Tasikoki ankamen, ging gerade die Sonne unter, und wir blickten in einen spektakulären, glutroten Abendhimmel. Und genauso spektakulär, wie der Tag aufhörte, begann der nächste Morgen, der eine atemberaubende Landschaft offenbarte. Tasikoki liegt direkt am Meer. Man kann sich wahrlich keinen schöneren Ort für eine Rettungsstation vorstellen. Der Wind wehte warm, und über das Meer zogen ein paar Wolken. Wir befanden uns nicht nur mitten in einem Mangrovenwald, in dem es von Vögeln nur so wimmelte, zu der Rettungsstation gehörte auch noch ein kilometerlanger Privatstrand, wo Meeresschildkröten an Land kommen. Über das Gelände liefen ein paar Hirsche; sicherlich keine typischen Urwaldkinder! Sie stammen aus dem Osten Indonesiens, aber schon lange, vor Hunderten von Jahren, wurden sie von den Holländern hier freigelassen. Und: Natürlich haben sie sich ziemlich schnell vermehrt.

Die Station ist riesig und bietet für fast 1.000 Wildtiere Platz. Je nach finanziellen Möglichkeiten kommen pro Jahr etwa 150 bis 200 neue Tiere in Tasikoki an, die von dort aus in andere Projekte verteilt und schließlich ausgewildert werden.

Da gefährdete Tiere des gesamten indonesischen Archipels unter dem illegalen Tierhandel leiden, sind die in Tasikoki gehaltenen Tiere gleichzeitig ein Abbild der vielfältigen indonesischen Fauna. Als wir Tasikoki besuchten, lebten dort zum Beispiel Siamang-Affen aus Sumatra, Orang-Utans, Gibbons und Malaienbären aus Borneo, Leoparden, Schildkröten, Papageien, Kasuare und Krokodile aus Papua-Neuguinea. Wir sahen sogar Babirusas. Diese Hirscheber erinnern an Fabelwesen aus Märchenbüchern. Schweine mit Hörnern haben ja auch wirklich etwas Bizarres. Willie führte uns zu den beiden Orang-Utans der Station, ein homosexuell lebendes Pärchen, das hier schon einige Zeit zu Hause ist. Auch die beiden sind Opfer des brutalen Tierschmuggels und wurden auf Sulawesi beschlagnahmt – normalerweise gibt es hier nämlich gar keine Orang-Utans.

Matthias zog es natürlich sofort zu den Papageien. In verschiedenen Volieren auf dem weitläufigen Gelände der Rettungsstation waren unzählige Papageien verteilt. In einer der Volierenanlagen lebten

111 Diademloris, das sind sehr seltene, von den Talaud-Inseln stammende Tiere. Auch diese Art ist vom Aussterben bedroht, es gibt vermutlich nur noch etwa zwischen 5.000 und 10.000 Tiere. Ein Tierhändler wollte sie auf die Philippinen schmuggeln. Die Polizei konnte den Schmuggler zwar erwischen, aber er hatte allen Vögeln die Schwungfedern ausgerissen. Mit dieser Verstümmelung ist die Gefahr groß, dass die Vögel lebenslang behindert bleiben und nie wieder fliegen können.

Matthias als Papageienexperte half bei der Untersuchung der Loris und stellte fest, dass bei einigen Vögeln die Schwungfedern wieder nachwuchsen, bei anderen davon nichts zu sehen war. Im Nachhinein erfuhren wir, dass es gelang, etwa die Hälfte der Tiere wieder erfolgreich auszuwildern. Den restlichen Tieren waren nicht genügend Schwungfedern nachgewachsen, sodass sie für den Rest ihres Lebens in Menschenobhut bleiben müssen.

Selbst Palmkakadus lebten in Tasikoki. Sie zählen zu den wertvollsten Papageien überhaupt und dürfen seit mehr als 20 Jahren nicht mehr legal aus der Natur geraubt werden. Der Palmkakadu ist eine der imposantesten Erscheinungen innerhalb der Familie der Papageien. Sie sind die einzigen Kakadus, die einen unbefiederten Wangenbereich haben. Ihre rot gefärbte Wangenhaut dient vor allem thermoregulatorischen Aufgaben, denn durch das flexible Abdecken des Wangenbereiches mit Gesichtsfedern kann die Wärmeabgabe gesteuert werden.

An der Farbe der Wangenhaut kann man den Gemütszustand der Tiere erkennen. Intensiv rot gefärbte

Wangen zeugen von Tieren, die sich wohl fühlen. Palmkakadus, die krank sind, unter Stress stehen oder sich unwohl in ihrer Behausung fühlen, zeigen eine blassrote bis rosaweißliche Wangenhaut. Palmkakadus sind »richtige« Persönlichkeiten und durch ihre fast ständig aufgestellte Haube eine imposante Erscheinung. Matthias war hin- und hergerissen, auf der einen Seite freute er sich, seine absoluten Papageienfavoriten zu sehen, auf der anderen Seite war er sehr traurig, welch schlimmes Schicksal diese Tiere erlitten hatten. Dies ist absolut nachvollziehbar, hat Matthias selbst doch im Loro Parque über zehn Palmkakadus selbst von Hand ab dem ersten Lebenstag aufgezogen und ist seither absolut begeistert vom Wesen dieser Tiere. Sie gehören zu den langlebigen Papageien, die ohne weiteres 40 bis 50 Jahre alt werden können. Für 40 Euro bekommt man hier einen Palmkakadu auf dem Schwarzmarkt – in Europa werden für die Papageien bis zu 15.000 Euro auf den Tisch gelegt werden. So eine gigantische Gewinnspanne ruft viele illegale Händler auf den Plan.

Allein bei der Vorstellung, dass irgendwelche reichen Leute aus der Ferne Aufträge erteilen, die Natur auszubeuten und bedrohte Tierarten zu fangen, um sie dann in einer Voliere oder in einem Käfig zu halten, dreht sich einem der Magen um. Diejenigen, die verhaftet und bestraft werden, sind meist die armen Indonesier, die für ein paar lächerliche Rupien Helferdienste leisten – aber das sind nicht die wahren Gauner in diesem grausamen Spiel, das allein auf Kosten der Natur geht. Die wahren Täter sind die Strippenzieher im Hintergrund, die den Auftrag erteilen und die Tiere fangen lassen. Aber die werden im Grunde nie belangt – das ist ein ungeheurer Skandal.

Auf der Station gibt es ein Team von hingebungsvoll arbeitenden Tierpflegern, die sich rührend um die Tiere kümmern, die Sorge tragen, dass sie sich erholen, und sie für die Wiederauswilderung in die Natur vorbereiten. Zusätzlich zur Rettung und Rehabilitation von Wildtieren bietet Tasikoki auch Bildungsprogramme für die einheimische Bevölkerung an, um die Aufmerksamkeit auf die Bedrohung der Wildtiere und der wertvollen Biodiversität Indonesiens zu lenken. Aufklärung ist ja wichtig, nur so ändert sich das Bewusstsein der Menschen, nur so erkennen sie, dass Orang-Utans und andere Tierarten schützenswert sind.

Beim Gang über das Gelände lernte ich Alexandra kennen, eine junge Frau, die das Leben der Tiere ein bisschen schöner macht. Sobald die Affen nämlich eine Beschäftigung haben, sobald sie kleine Aufgaben bekommen, die sie lösen müssen, sind sie zufrieden. Meistens tun sie dies mit Bravur. Und ganz nebenbei erhält man so Einblicke in die ungemeine Intelligenz der Orang-Utans. Man weiß inzwischen, dass Orang-Utans hochintelligente Tiere sind, die intelligentesten unter den nicht-menschlichen Primaten. Aber was heißt intelligent im Zusammenhang mit unseren zotteligen Verwandten aus dem Regenwald eigentlich genau?

Willie, der die Tiere nun seit Jahrzehnten beobachtet, ist überzeugt, dass Orang-Utans etwa tausend Pflanzen unterscheiden können, und ganz genau wissen, welche essbar, ungenießbar, heilsam und giftig sind – eine Zahl, für die es freilich keine wissenschaftlichen Belege gibt – wie auch? Jedenfalls wurde Willie einmal Zeuge, wie sich ein Orang-Utan-Weibchen mit Kopfschmerzen plagte. Wie ein Häufchen Elend kauerte das Tier am Boden, hielt sich den Kopf und schaukelte hin und her. Nach einer Zeit raffte sie sich aber auf und schleppte sich zu einem nahegelegenen Strauch, der lila Blüten trug. Der lateinische Name des Strauchs: Fordia splendissima. Eine halbe Stunde, nachdem das Affen-Weibchen die Blüten gegessen hatte, schien es ihm wieder prächtig zu gehen. Eine Szene, an die sich Willie erinnerte, als er selbst im Urwald unterwegs war und heftige Kopfschmerzen bekam. Auch er aß von dem Strauch, und keine Stunde später waren auch seine Schmerzen wie weggeblasen!

Eine der anerkanntesten Orang-Utan-Forscherinnen, die Kanadierin Anne Russon, ist der Meinung, dass Orang-Utans zu komplexen intellektuellen Leistungen in der Lage sind, von denen wir annahmen, dass nur Menschen sie erbringen können. Sprache, Fertigung und Nutzung komplexer Werkzeuge, Täuschung, Selbstbewusstsein und Vorausplanung seien Fähigkeiten, die wir irrtümlich für exklusives menschliches Erbe hielten. Aber auch Orang-Utans, Schimpansen, Gorillas und Bonobos verfügen über diese Fertigkeiten. Orang-Utans lernen zum Beispiel auch, indem sie menschliches Verhalten beobachten – und imitieren. Anne Russon hat Fälle erlebt, in denen Orang-Utans Holz hackten, Baumstämme durchsägten, Geschirr spülten, eine Hängematte aufhängten und in ihr schaukelten, Unkraut zupften und Gehwege fegten. Dass der gewöhnliche Zoobesucher die Intelligenz und die Kreativität von Orang-Utans in der Regel unterschätzt, liegt daran, dass die Tiere in Zoogehegen oft phlegmatisch in einer der Ecken sitzen und viel weniger aktiv sind als Schimpansen. Es gibt aber auch tolle Gegenbeispiele: Zoos, die täglich wechselnde Beschäftigungsprogramme für ihre Primaten durchführen, wodurch die Aktivität deutlich erhöht wird.

Willie Smits attestiert den Waldmenschen sogar einen Sinn für Ästhetik. Er hat beobachtet, dass sie ihre Schlafnester in jenen Baumwipfeln bauen, die ihnen eine besonders schöne Aussicht bieten – und wo das Frühstück in nächster Nähe wächst. Die Theorie eines verklärten Tierliebhabers? Nein! Anne Russon stützt Willies These und bescheinigt den Orang-Utans außerdem einen Ordnungssinn. Die Tiere hätten es gern hübsch und gut organisiert. Die Forscherin beobachtete, wie Orang-Utans in Menschenobhut ein Bündel gleichlanger Stöcke herstellten und ordentlich nebeneinander legten.

Die Machenschaften der rücksichtslosen Tierhändler

Die aufregenden Stunden voller neuer Eindrücke vergingen wie im Fluge. Die erste Nacht in Tasikoki verbrachte ich in einem tiefen, traumlosen Schlaf. Das Kräftesammeln war aber auch dringend nötig, schließlich machten wir uns am nächsten Tag gemeinsam mit Willie auf den Weg in den Tankoko Nationalpark, der einer der wenigen fast unberührten Regenwälder auf Sulawesi und die Heimat der Schwarzen Schopfmakaken ist. Diese Affenart gibt es weltweit nur hier. Ich

ahnte, dass mir eine größere Wanderung bevorstand ...
Wir stapften also durch den Urwald. Als ungeduldiger
Zeitgenosse lautete meine erste Frage an Willie na-
türlich: »Und wie lange dauert es jetzt, bis wir diese
Affen sehen?«

»Das könnte in fünf Minuten schon der Fall sein,
oder in zwei Stunden. Man weiß es nicht, es sind ja
Wildtiere«, bekam ich zur Antwort. Natürlich hatten
wir einen Tag erwischt, an dem sich die Makaken etwas zierten und sich im Dickicht des Regenwaldes vor
unseren neugierigen Augen versteckten. Aber so ein
Regenwald hat selbstverständlich mehr zu bieten als
Makaken, wenn die gerade einmal nicht so wollen, wie
wir es uns wünschen ...

Zum Beispiel wachsen in diesem Nationalpark
unglaublich große Feigenbäume, zwischen deren riesigen Wurzeln sich oft Koboldmakis verstecken. Wir
begaben uns also auf die Suche nach diesen Makis.
Der Haken an der Sache: Der Koboldmaki ist einer der
kleinsten Primaten der Welt. Die Äffchen werden nur
10 bis 15 Zentimeter groß – plus Schwanz. Ich hielt
es fast für unmöglich, so einen Winzling zu finden ...
Doch plötzlich endeckten wir – es war, ehrlich gesagt,
Willie – drei äußerst niedliche Exemplare, die uns
mit ihren großen Augen anblickten. Bei den kleinen
Baumbewohnern handelt es sich um nachtaktive Wesen. Wenn sie schlafen, ziehen sie ihren Kopf, den sie
um 360 Grad drehen können, ganz tief in die Schultern ein, als wollten sie ihn verstecken.

So hinreißend diese Tiere auch waren, unsere Suche
nach den Schopfmakaken wollten wir so schnell nicht
aufgeben. Guten Mutes wanderten wir also tiefer und

tiefer in den Urwald hinein – nass geschwitzt war ich ja ohnehin schon. »Passt auf, da drüben ist das erste ... Tier«, flüsterte Willie plötzlich. Und da kamen noch mehr. Fünf, sechs, eine ganze Gruppe! Gebannt und mucksmäuschenstill beobachteten wir, wie die Tiere, die sich offensichtlich auf Futtersuche befanden, an uns vorbeizogen. Besonders auffällig ist der weit vorgeschobene Kiefer der Schopfmakaken und ihr punkerähnlich aufgestelltes Kopfhaar. Unter den Tieren war auch ein Weibchen mit einem Jungtier. Sind die Weibchen paarungsbereit, färbt sich ihr Hinterteil stark rot. Natürlich können die Tiere, wenn sie sich bedroht fühlen, gefährlich werden, aber wir hielten uns wie gesagt vorsichtig im Hintergrund. Willie erzählte, dass die Gruppe insgesamt wohl aus fast 90 Tieren besteht, die größten Tiere bringen gut 10 Kilogramm auf die Waage.

Schopfmakaken wandern im Grunde den ganzen Tag durch den Wald und besuchen ihre Futterbäume. Forscher haben hier in Tankoko beobachtet, dass die Affen genau wissen, wann welcher Baum reife Früchte hat. Heute war es eben ein eher abgelegener Baum – Pech für Menschen, die nicht so gerne wandern. Später, am Nachmittag, ich war bereits von der irrsinnigen Hitze und der hohen Luftfeuchtigkeit gehörig geschafft und komplett durchgeschwitzt, brachte uns ein Boot nach Bitung, dem größten Hafen der Region. Wir fuhren entlang der Küste des Nationalparks, im Grunde das letzte Stück des original Urwalds in Nord-Sulawesi. Ginge es verloren, verschwände damit auch der Lebensraum der Makaken.

Während unserer Fahrt fiel mir plötzlich auf, dass einer der Jungs an Bord laufend nach unten kletterte und Wasser abschöpfte. Offenbar war irgendwo ein Leck. Er tat das mit einer erstaunlichen Gelassenheit. Etwas mulmig war mir trotzdem zumute, ich hatte wirklich keine Lust zu kentern, und Willies Bemerkung, dass er mich im Notfall retten würde, half wenig. Der Mann hielt Gott sei Dank bravourös durch, und wir schafften es bis in die Bucht von Bitung.

Der Hafen gilt als einer der größten Umschlagplätze des illegalen Tierhandels. Fast jeden Tag sollen Schiffe voller Vögel, Affen und Reptilien Richtung Philippinen oder China aufbrechen. Auch Orang-Utans hat Willie hier schon gerettet. Von alledem merkten wir bei unserer Ankunft wenig. Für den unwissenden Besucher scheint es ein betriebsamer Hafen wie jeder andere zu sein.

Eine Stunde entfernt lag unser nächstes Ziel: die 90.000-Einwohner-Stadt Tomohon. Dieser Ort hat ein grausames Geheimnis: Der örtliche Markt in der Nähe des Bus-Terminals gilt als Zentrum des Bushmeat-Handels. Fleisch von Affen oder Reptilien wird dort in großen Mengen illegal verkauft.

Als wir die stickige Markthalle betraten, wurde sogar Willie nervös. Mittlerweile hat er schon vier Mitarbeiter verloren. Einer war auf dem Markt und wollte ihm wichtige Informationen über einen wichtigen Orang-Utan-Schmuggler geben, der innerhalb von sechs Monaten 40 Orang-Utans ins Ausland geschmuggelt hatte. Doch 15 Minuten, bevor Willie ihn treffen sollte, ist er vergiftet worden und wurde tot aufgefunden.

Die Fleischabteilung war jedenfalls nichts für schwache Gemüter: auf gekachelten, blutverschmierten Tresen boten die Händler Hundefleisch feil. Aber nicht nur das: Erst wurde den Hunden bei lebendigem Leib der Kopf eingeschlagen und dann wurden sie mit einem Gasbrenner geröstet, damit die Kunden sahen, dass es sich auch tatsächlich um frisches Hundefleisch handelte. Auch Flughunde waren im Angebot, am Spieß und ohne Flügel. Die Flügel wurden separat angeboten. Sie gelten als besonders schmackhaft. Selbst Schlangen gab es, genauer gesagt: meterlange Pythons. Ein junger Verkäufer drückte mir stolz ein Stück Python in die Hand – ein kalter Schauer lief mir über den Rücken, aber er freute sich riesig, uns seine Python zu präsentieren, von Schuldbewusstsein überhaupt keine Spur. Der Kilopreis für Schlangen und Affen ist derselbe: 50.000 Rupien, das sind umgerechnet drei Euro.

Affen sahen wir an diesem Tag aber keine. Wenn Willie bei seinen regelmäßigen Besuchen auf dem Markt Zeuge der Schlachtung eines Affen wird, schreitet er natürlich sofort ein. Die Händler kennen Willie, sie wagen es nicht, ihn anzugreifen. Dass er ihnen das Geschäft verdirbt, verübeln sie ihm natürlich trotzdem. Mehr als 1.000 Todesdrohungen hat Willie schon erhalten, es wurde Feuer an seinem Haus gelegt, durch die Fenster flogen Steine, und seine Hunde wurden getötet, aber Willie kämpft unbeirrt weiter, seit 20 Jahren schon. Ich bewundere diesen Mut.

Ein grausames Leben in Gefangenschaft

Am nächsten Tag trafen wir uns mit der Forst-Polizei. Es gab mehrere Fälle illegaler Tierhaltung, und wir durften bei einer der Beschlagnahmungen dabei sein.

Wir zogen mit einem Team bewaffneter Männer los, sicher ist sicher. Man weiß nie, was einen erwartet, ob die Gegenseite sich auf ein Gespräch einlässt oder gewaltbereit ist. Dass keiner der Polizisten wirklich gerne mit von der Partie war, merkte ich sofort. Willie schätzt, dass der illegale Tierhandel noch immer das Volumen von einer Milliarde Dollar hat, und es gibt sehr viele Menschen, die solche Einsätze verhindern wollen, weil sie selbst auf irgendeine Art und Weise von diesem illegalen Geschäft profitieren. Willie spornt ein solch zynisches Verhalten nur noch weiter an. Er glaubt an seine Mission. Und seit diesem Tag verstehe ich genau, warum.

Wir schlugen am Abend zu, als die Sonne bereits untergegangen war. Einer von Willies Informanten hatte vor einiger Zeit ein Haus ins Visier genommen, dessen Besitzer im Garten einen Affen hielten – nach indonesischem Recht ist das eine Straftat. Als wir näher herankamen, erkannte ich einen Makaken – jene Art also, die wir im Dschungel beobachtet hatten. Er war an einem kahlen Baum festgekettet. Ein schrecklicher Anblick. Extrem nervös bewegte sich das relativ große Tier hin und her und fletschte aggressiv die Zähne. Da war klar, dass der Makake erst betäubt werden musste, bevor wir ihn von seinen Fesseln befreien konnten.

Doch dann passierte etwas völlig Unerwartetes: Der Besitzer, Jamwar, trat nach draußen und bat uns ins Haus. In der Familie stritt man sich offenbar schon länger wegen des Makaken. Für den Hausherrn stellte das Tier ein Statussymbol dar, doch Jamwars Ehefrau wollte den Affen unbedingt loswerden, weil sie Angst um ihre Kinder hatte. Wir saßen im hell erleuchteten Wohnzimmer um einen Tisch und diskutierten friedlich. Wir erfuhren, dass der Affe Jamwar, als dieser ihn streicheln wollte, einmal böse gebissen hatte. Die Wunde an der Hand musste sogar genäht werden. Diese Verletzung war wohl mit verantwortlich dafür, dass Jamwar relativ rasch Willies Vorschlag zustimmte, das geschützte Tier freiwillig abzugeben – im Gegenzug würde er straffrei bleiben. Jetzt hatte die Stunde der Tierärztin der Auffangstation geschlagen. Sie zielte mit einem Betäubungspfeil auf den Oberkörper des Tieres. Volltreffer! Nun mussten wir nur noch warten, bis das Betäubungsmittel wirkte ...

Vorsichtig befreiten zwei Tierpfleger den Affen von der Kette und legten ihn in eine speziell für Sulawesi-Makaken entwickelte Kiste. Am Bauch des Tieres klafften große Wunden, mehr als drei Jahre war der Makake in Gefangenschaft festgekettet. Wir atmeten auf. Es war zwar weit nach Mitternacht, und ich war hundemüde, aber der Einsatz hatte sich gelohnt. Was für ein befriedigendes Gefühl, der Mutter Natur bald eines ihrer Kinder zurückgeben zu können.

Am nächsten Tag wurde der Affe in der Auffangstation erst einmal komplett durchgecheckt. Er wurde gewogen, gegen Parasiten gespritzt, und die Ärzte entnahmen ein paar Haar- und Blutproben für die genetischen Tests. Für vier Wochen kam er in einen Quarantänekäfig – wenn dann alle Untersuchungsergebnisse vorliegen und das Tier keine Krankheitssymptome mehr zeigt, kann es langsam in eine Gruppe von Makaken eingegliedert werden und nach ein paar Monaten schließlich ein neues Leben in der Wildnis beginnen.

Haben Orang-Utans ein eingebautes Navigationssystem?

So aufregend die Zeit auf Sulawesi auch gewesen war, ich konnte es kaum erwarten, weiter zu den Orang-Utans nach Borneo zu reisen, genauer gesagt nach Sintang in die Provinz Kalimantan – das grüne Herz der Insel. Dort, so wurde mir gesagt, sei es noch wärmer als auf Sulawesi, und es gebe noch mehr Tiere, mit denen man als zivilisationsverwöhnter Mensch nicht gerne sein Zimmer teilen würde– sofern wir dort überhaupt ein richtiges Zimmer haben würden ...

Unsere Reise bis ins abgelegene 60.000-Einwohner-Städtchen Sintang dauerte fast einen ganzen Tag. Als wir uns im Landeanflug befanden, sahen wir bereits die Brandrodungen rund um die Stadt, deren wirtschaftliche Existenz vor allem auf Palmöl-Plantagen basiert. Überall stieg Rauch auf und verpestete den Himmel. Man möchte sich gar nicht vorstellen, wie viele klimaschädliche Gase dadurch in die Atmosphäre gelangen. Die Plantagen sind das größte Umweltproblem der Region, die früher einmal komplett mit Regenwald bewachsen war. Die Zerstörung der Natur schreitet auf Borneo tatsächlich in einer atemberaubenden Geschwindigkeit voran: Alle 20 Minuten verschwinden Waldflächen in der Größe eines Fußballfelds, entweder durch Buschfeuer oder durch Rodungen, illegal oder offiziell, um Platz für Palmöl-Plantagen zu schaffen. Der reiche Westen giert nach Edelhölzern, und die Nachfrage nach Biodiesel steigt. Daher schrumpft der Lebensraum für die Primaten dramatisch. Für die Tiere, die nicht mehr genügend zu fressen finden, wird das Überleben immer schwieriger. Verirren sie sich in eine der Palmöl-Plantagen, ist die Wahrscheinlichkeit extrem hoch, dass sie elendig verhungern oder von einem Arbeiter getötet werden.

Noch vor Sojaöl ist Palmöl das meistangebaute Pflanzenöl der Welt. Fast 90 Prozent der Öle kommen aus Malaysia und Indonesien. Wegen seiner Hitze- und Oxidationsbeständigkeit, seines hohen Vitaminanteils und des butterähnlichen Geschmacks ist Palmöl Bestandteil vieler Lebensmittel. In Asien verwendet man es vor allem als Brat- und Kochfett. Palmöl, das sich übrigens auch in Nutella findet, ist aber längst nicht nur als Lebensmittelzusatz beliebt, es steckt auch in Putzmitteln, Kosmetika und Kerzen. Laut WWF enthält jedes zweite Supermarktprodukt Palmöl – Tendenz steigend. Warum tun wir nichts dagegen?

Mit dem Boot ging es über einen breiten Fluss weiter zu Willies Orang-Utan-Station. Der Fluss ist die Lebensader der Menschen. Viele leben in Stelzenhäusern direkt am Ufer und betreiben Fischfang. Doch wir entdeckten auch eine illegale Anlage zum Gold-Schürfen. Im großen Stil vergiften die Goldsucher den Fluss mit Quecksilber. Es war nicht das erste und leider auch nicht das letzte Mal, dass wir auf dieser Reise mit einer derartigen Naturzerstörung konfrontiert wurden. Jedes Mal stellt einen das vor einen Gewissenskonflikt: Was ist wichtiger? Die Existenz verarmter Menschen oder das nachhaltige Wohl der Natur? Das Dilemma wird sich erst lösen, wenn Menschen die Chance angeboten bekommen, ihren Lebensunterhalt auch so zu verdienen, dass sie die Natur nicht schädigen.

Meine Sorge, womöglich unter freiem Himmel oder in einem Zelt schlafen zu müssen, entpuppte sich zum Glück als unbegründet. Matthias und ich kamen bei einem ehemaligen holländischen Pastor direkt neben der Rettungsstation unter. Ein reizender Mann, der vor 40 Jahren ausgewandert war, um Menschen zu bekehren und ihnen Gott näherzubringen – jetzt half er, Orang-Utans vor dem Aussterben zu bewahren. Wir schliefen in einem kleinen Zimmer, und als erstes musste Matthias natürlich ein Moskitonetz für mich spannen. Und er? »Ach, ich brauche sowas nicht«, winkte er betont lässig ab. Am nächsten Morgen hatte er die Bescherung: Matthias war nachts Opfer etlicher blutsaugender Insekten geworden ...

In der Station in Sintang lebten zur Zeit unseres Besuchs etwa 30 Affen, einige davon waren noch Babys. Ich erinnerte mich an die Orang-Utans in Jakarta, die darauf warteten, dass Plätze in dieser Station frei werden. Hier werden die Tiere auf ein Leben in Freiheit vorbereitet – Tiere wie Mamat. Mamat hatte ein besonders schreckliches Schicksal erlitten. Fast vollständig gelähmt kam er in Sintang an. Die Behörden hatten ihn bei einem Bauern beschlagnahmt, der ihn sieben Jahre lang in einen Hühnerkäfig gesperrt hatte. Der Käfig war so winzig, dass Mamat weder stehen noch aufrecht sitzen konnte – er konnte nur liegen oder auf seinem Bauch oder Rücken hin- und rollen. Seine Beine und Arme waren verkümmert. Zu Fressen bekam Mamat nur, was auch die Hühner zu fressen bekamen.

Zwei Jahre Physiotherapie liegen inzwischen hinter Mamat, der sich heute wieder frei bewegen kann.

Beobachtet man ihn, wie er klettert, sich über den Rasen rollt, wie er spielt und mit seinen sanften Lippen Küsschen verteilt, kann man sich kaum vorstellen, was für ein geschundenes und gequältes Tier Mamat einmal gewesen ist.

In den kommenden Tagen sollte ich ein intensives Verhältnis zu Mamat aufbauen – denn ich war eine Art Pate für Mamats Auswilderung und wegen einer solch großen Verantwortung natürlich sehr aufgeregt. Mamat musste sich schließlich erst an mich gewöhnen – und ich mich an ihn. Ich hatte ja einen Höllenrespekt vor den Tieren, die unglaublich kräftig sind – sieben Mal so kräftig wie ein durchschnittlicher erwachsener Mensch. Ein Orang-Utan, der es zum Beispiel auf ein Palmenherz abgesehen hat, reißt der Palme einfach die Krone ab, fetzt den Stamm auseinander und erbeutet die Köstlichkeit. Einmal – Willie besichtigte gemeinsam mit einem indonesischen Minister eine Rehabilitationsanlage – ging einem der ausgewachsenen Orang-Utan-Männchen das Geknipse der Pressefotografen derart auf die Nerven, dass das Tier zwischen den Gitterstäben hindurch nach Willies Hose griff und ihm diese mir nichts dir nichts vom Leib riss. Und Willie stand plötzlich in Unterhosen vor dem Minister.

Willie führte Matthias und mich über die weitläufige Station und stellte uns jeden einzelnen Auswilderungskandidaten vor. Neben Mamat und Beno sollten noch drei weitere Orang-Utans endgültig in die Freiheit entlassen werden. Ich war beeindruckt: Alle Tiere erkannten Willie sofort und streckten zur Begrüßung ihre Finger zwischen den Gitterstäben hindurch – dabei war Willie schon seit Wochen nicht mehr hier gewesen!

Auf der Station lebten auch sechs Babys. Sie waren alle Waisen, die noch viel lernen mussten. Einen Mutterersatz hatten sie auch: Yesi. Als Yesi ihr Vorstellungsgespräch hatte, war die Sache innerhalb weniger Minuten klar: Die Babys waren geradezu verrückt nach der jungen Frau – die allerbeste Voraussetzung für diesen Job! Wo Yesi war, waren auch die Babys, die sich an sie klammerten, wie Babys es eben tun. Wirklich bewundernswert, wie die 22-Jährige in der Mutterrolle aufging, sie hatte es schließlich mit einer Großfamilie zu tun …. Selbst nachts sprang sie aus dem Bett, wenn ein Baby nach ihr rief. Und wenn die Lausebande in den Bäumen herumkletterte und auf ihre Rufe nicht reagierte, half immer noch der Trick mit der Milchflasche.

Ihre Babys stillen Orang-Utans ungewöhnlich lange, länger als jedes andere Säugetier. Während eine deutsche Mutter ihr Kind durchschnittlich 7,5 Monate stillt, bekommen die Nachkommen der Waldmenschen mitunter jahrelang Muttermilch. Biologen sind auf Tiere gestoßen, die beinahe neun Jahre lang gesäugt worden sind. Natürlich ernähren sich die Tiere nicht nur von der Muttermilch. Im Alter zwischen zwölf und 18 Monaten ergänzt feste Nahrung ihren Speiseplan, der hauptsächlich aus Früchten besteht. Diese im Tierreich einzigartig enge und lange Bindung an die Mutter, von der die Babys auch sämtliche botanischen Kenntnisse lernen, die sie tagtäglich brauchen, ist der Hauptgrund für die extrem niedrige Kindersterblichkeit. Im Schnitt behält die Mutter ihr

Kind sieben Jahre lang bei sich! Das bedeutet allerdings auch, dass Orang-Utans im Laufe ihres Lebens durchschnittlich nicht mehr als drei bis fünf Kinder zur Welt bringen.

Die weit verbreitete Vorstellung, dass der Regenwald für die Orang-Utans futtertechnisch ein Paradies ist, in dem sie sich nach Lust und Laune und ohne jegliche Anstrengung bedienen können, stellte sich übrigens als falsch heraus. Es gibt dort zwar massenhaft Früchte, aber eben immer wieder auch karge Phasen. Auch deshalb dürfen die Babys so lange Zeit an die mütterliche Brust. Was alles auf dem Speiseplan der Orang-Utans steht? Neben Pflanzen und Baumrinde, zum Beispiel des Cempedak-Baumes, die sie kauen und wieder ausspucken, fressen Orang-Utans am liebsten Obst, Knospen und junge Blätter sowie in knappen Zeiten Vogeleier und Nestlinge von Vögeln und Eichhörnchen, Termiten und Ameisen. Wenn ein Orang-Utan an einem Baum voller halbreifer Früchte vorbeikomme, erzählt Willie, merke er sich dessen Position und steuere ihn dann auf direktem Weg exakt an jenem Tag an, an dem die Früchte reif sind. Auf einem Gebiet von rund 300 Hektar kennen die Tiere jeden einzelnen Baum und wissen, wann die beste Erntezeit ist. Als hätten Orang-Utans ein GPS eingebaut.

Als nächstes standen Kletterübungen auf dem Programm, über die sich nicht nur die kleinen Affen freuen, auch Mamat und die anderen Tiere hangeln sich gerne von Ast zu Ast. Die täglichen Kletterstunden, die die Orang-Utans in einem umzäunten Gebiet absolvieren, sind keine Beschäftigungstherapie,

sondern eine enorm wichtige Übung für die bevor-
stehende Auswilderung. Als Mamat plötzlich seinen
Arm um meine Schulter legte und mir einen Kuss auf
die Wange gab, war ich perplex. Willie lachte und über-
setzte die Geste gleich: »Du bist jetzt sein Freund! Der
Kuss bedeutet: Ich vertraue dir.«

Die Kunst, 600 verschiedene Pflanzen auseinanderzuhalten

Am nächsten Morgen fuhren wir nach Ensaid Panjang,
das ist das letzte verbliebene Dajak-Dorf der Region.
Rechts und links zogen Ölpalmhaine vorbei, die mit
ihren wohlgeformten Postkarten-Palmen auf den
ersten Blick sogar recht hübsch aussahen. Mit Natur
haben diese Plantagen aber herzlich wenig zu tun.
Wie die Maisfelder bei uns, sind es Monokulturen,
in denen so gut wie keine Vögel oder Insekten leben.
Die Straße verwandelte sich mehr und mehr in eine
staubige Piste und am Wegesrand häuften sich kleine
Siedlungen mit Wellblech-Hütten. Vor einem der Häuser standen zwei Käfige mit Eulen, die Matthias sofort
ins Auge gesprungen sind. Wir hielten, um der Sache
auf den Grund zu gehen. Der Besitzer der Eulen begrüßte uns ausgesprochen freundlich, und das nicht
ohne Grund: Er war ein Tierhändler und hielt uns für
zahlungskräftige Kundschaft. Sofort bat er uns mit
einer Handbewegung Richtung Hinterhof ... Was wir
dort sahen, war schrecklich: Krank aussehende Tiere
lebten in kleinsten Käfigen, unter ihnen ein junger
Malaienbär und eine Ginsterkatze. Für umgerechnet
etwa 400 Euro hätten wir den Bären und die Ginster-

katze sofort mitnehmen können. Nur: Wohin mit den armen Geschöpfen? Willies Station war ja schon bis auf den letzten Platz belegt. Wir mussten die Tiere also schweren Herzens zurücklassen.

Am Mittag erreichten wir das Dorf der Dajaks. Borneos indigene Bevölkerung setzt sich aus etwa 200 Volksstämmen zusammen, deren Sitten und Gebräuche sich teilweise stark voneinander unterscheiden. Was alle verbindet, ist die Art der Unterkunft: Dajaks wohnen traditionell in sogenannten Langhäusern, die größtenteils aus Holz gefertigt werden und je nach Größe der Dorfgemeinschaft mehrere hundert Meter lang sein können. Jede Familie hat ihr eigenes kleines Reich, die Wände sind aus Rinde. Meistens halten sich die Menschen aber draußen auf der überdachten Veranda auf, eine Art »Boulevard«, wo sie auf dem Holzboden vor den Wohnungen sitzen, einem Handwerk nachgehen oder mit den Kindern spielen. Willie ist mit dem Häuptling befreundet, daher dürfen wir das Haus, in dem insgesamt etwa 150 Menschen leben, betreten. Einst waren die Dajaks Kopfjäger, die den getöteten Feinden den Kopf abtrennten, ihn als Trophäen mitnahmen und wie ein Museumsstück ausstellten. Aber diese Zeit ist zum Glück schon lange vorbei …

Willie stellte uns dem Häuptling vor, der zur Begrüßung eine Kokosnuss köpfte. Herrlich: diese Milch bei 34 Grad im Schatten! Bisher lebten die Dajaks im Einklang mit der Natur, doch durch die Palmöl-Plantagen wird auch ihr Lebensraum bedroht, manche Stämme wurden sogar schon vertrieben. Wir stärkten uns an einem kleinen kalten Buffet … allerdings mit etwas anderen Speisen, als man das aus Deutschland gewohnt ist: Zum Reis gibt es hier nämlich Farn.

Wir mussten auch gestärkt sein, denn nach dem Essen ging es in den Regenwald. Medizinmann Semtai wollte uns zeigen, wie die Dajaks den Dschungel nutzen. Während wir unsere relative Trittsicherheit unseren modernen Trekking-Schuhen verdankten, gingen unsere Gastgeber ganz selbstverständlich barfuß ... Es war irrsinnig heiß und selbst, wenn ich mich nicht bewegte, das Wasser lief mir aus allen Poren. Ganz zu schweigen von den vielen Insekten und Moskitos, die es auf mich abgesehen hatten. Die Dajaks können 600 Pflanzenarten auseinanderhalten und wissen genau, welche Pflanze gegen Übelkeit, Durchfall oder gegen Kopfschmerzen hilft und aus welchen man hervorragenden Salat machen kann. Ich war allerdings zu erschöpft von der Hitze und hatte die Nacht zuvor auch nicht sonderlich gut geschlafen, sodass ich mir keinen einzigen der Pflanzennamen merken konnte. Zu meiner Entschuldigung muss ich sagen, dass es sich aber auch um durchaus komplizierte Namen handelte ...

Auch Orang-Utans müssen mal spielen

Den nächsten Tag verbrachte ich dann auf der Rettungsstation: Nach dem anstrengenden Vortag gönnte ich mir ein paar Stunden mehr Schlaf. Matthias war dagegen schon früh bei den Orang-Utans. Er sollte mit Joy Freundschaft schließen und sich nun endgültig auf die Tiere einlassen. Als Wissenschaftler beobachtet, beurteilt und analysiert er, Gefühle spielen eigentlich keine Rolle. Aber so kommt eben keine emotionale **77**

Verbindung mit den Orang-Utans zustande. Von Willie habe ich gelernt, dass man den Tieren gegenüber wirklich komplett offen sein muss – und das ist nicht einfach, besonders nicht für einen Biologen wie Matthias. Umso beeindruckter war ich, als ich ihn im Gehege von Joy sah, wie er dort auf dem Boden lag und ganz leise mit dem Tier sprach. Matthias hatte seine wissenschaftliche Distanz wirklich aufgegeben und einen direkten Zugang zum Herzen von Joy gefunden!

Aber auch ich war gefordert, denn auf mich wartete ein ungewöhnlicher Frühsport: Die Orang-Utans mussten in den Wald getragen werden, wo sie klettern üben sollten. Weil sie dieses Prozedere täglich mitmachen, lassen sie es stoisch über sich ergehen. Mamat klammerte sich um meinen Hals. Wie er da so an mir dranhing wie ein schwerer Sack, spürte ich etwas sehr Reales: nämlich mein Alter. Mamat war so schwer, dass ich ihn wirklich nicht lange tragen konnte. Seltsamerweise schien er mir allerdings zu vertrauen, obwohl ich fast bei jedem zweiten Schritt gestolpert bin. Er hielt sich krampfhaft an mir fest und hat sich wohl gesagt, mit dem alten Herrn muss ich hier irgendwie durchkommen.

Gott sei Dank war es nicht so weit bis in den Dschungel. Nach 10 Minuten hatten wir unser Ziel erreicht. Mamat und seine Freunde kletterten sofort geschickt in die Baumkronen, bis in 20, 30 Meter Höhe. Immer wieder bildete ich mir ein, die Tiere lächeln zu sehen. Jedenfalls freuten sie sich sichtlich darüber, in der Wildnis klettern zu dürfen.

Und auch Willie war glücklich – und stolz. Zu wissen, dass diese Tiere kurz vor ihrer Auswilderung standen, war ein besonderes Gefühl. Angesichts ihres schrecklichen Schicksals war das ein regelrechter Triumph. Sie hatten ja einen langen, beschwerlichen Weg hinter sich und riesiges Glück gehabt, in Willies schützende Hände gelangt zu sein. Und nun sollte eben diese Hand sie wieder in die Freiheit entlassen. Ihnen sollte das Leben zurückgegeben werden, das ihnen von einer anderen menschlichen Hand genommen worden war.

Nach zwei Stunden war der Spaß vorbei und die Orang-Utans wurden zurück zur Station getragen. Davor konnte ich mich dieses Mal Gott sei Dank erfolgreich drücken: Ein junger kräftiger Tierpfleger schleppte Mamat zurück!

Ein seltsames Gefühl, als dann plötzlich der Tag gekommen war, auf den wir alle so sehr hingefiebert hatten: Die Auswilderung sollte am Nachmittag stattfinden. Bevor es losging, blieb mir also noch etwas Zeit, um mich von den niedlichen Babys zu verabschieden und ihnen das Fläschchen zu geben. Das ist ja auf der ganzen Welt ähnlich, und ob das nun ein kleiner Hund ist, ein kleiner Orang-Utan, oder das eigene Baby: Fläschchen geben macht einfach großen Spaß! Es war unser letzter Tag in Indonesien und gleichzeitig der wichtigste Tag im Leben von Mamat und vier seiner Freunde. Und auch in meinem Leben ein Tag, den ich so schnell nicht vergessen werde.

Während ich mich verzückt um die Babys kümmerte, liefen die Vorbereitungen für die Auswilderung von Mamat und den anderen Orang-Utans auf Hochtouren. Die fünf bekamen noch einmal Futter und Wasser, denn die Reise in die Freiheit würde mehrere

Stunden dauern. Endlich war auch der Offizier der Forstpolizei da, der die Auswilderung begleiten sollte. Die Spannung stieg. Und die Orang-Utans? Ich bin mir hundertprozentig sicher, dass sie genau wussten, dass das ein ganz besonderer Tag für sie war. Natürlich ließ ich es mir nicht nehmen, Mamat in seinen mit Bananenblättern gepolsterten Transportkäfig zu setzen. Mir wurde warm ums Herz, denn Mamat und ich, wir hatten mittlerweile so viel Zeit miteinander verbracht, dass ich eine richtige Beziehung zu ihm entwickelt hatte – und er zu mir. Auch Willie war aufgeregt und voller Vorfreude. Dabei hat er schon 485 Orang-Utans ausgewildert – eine Bilanz, mit der er alle anderen Projekte weltweit in den Schatten stellt.

Jetzt hieß es Abschied von der Station in Sintang nehmen. Unser Ziel war der Primär-Regenwald rund um das Örtchen Tembak. Jetzt waren es nur noch drei Stunden auf der Ladefläche der Pick-ups, bis Mamat und seine Freunde endlich wieder ihre Freiheit zurückbekommen sollten.

Die Fahrt war kein Zuckerschlecken, und die Fahrer mussten höllisch aufpassen, um wenigstens den ganz großen Schlaglöchern auszuweichen. Was für eine Schaukelei! Und wieder einmal durchquerten wir kilometerlange Palmöl-Plantagen.

Vor ein paar Jahren war all das noch Urwald und unberührter Lebensraum für die Orang-Utans. Inzwischen ist alles verödet. Auch etliche Dajak-Dörfer mussten weichen. Hoffentlich ist es für Mamat und seine Freunde das letzte Mal, dass sie solche Palmen zu Gesicht bekommen. Wir hielten regelmäßig an und gaben den Orang-Utans etwas zu trinken und ein paar

Leckereien. Ein Regenschauer bot eine willkommene Abkühlung für uns, die wir in der prallen Sonne brieten. Allerdings wurde uns bald klar, dass es nicht bei einem kleinen Schauer bleiben sollte. Plötzlich goss es wie aus Eimern. Die Straße verwandelte sich in eine Schlammpiste, und wir kamen immer langsamer voran ...

Die Autos vom Forstministerium versanken beinahe im blubbernden Morast– sie waren zu niedrig, um weiterfahren zu können. Der Weg, der uns noch bevorstand, wurde immer schwieriger. Wir luden die Orang-Utans also auf die geländetüchtigeren Fahrzeuge um. Während der Regen auf unsere Köpfe prasselte, als gäbe es kein Morgen mehr. Wir waren vollkommen durchnässt. Diesmal nicht von Schweiß, sondern von einer tropischen Regendusche – ein Witz, dass sie in deutschen Spas manchmal diesen Namen für solche mickrige Erlebnisduschen verwenden. Wer einmal wirklich im tropischen Regen stand, kann darüber nur lachen. Wie auch immer: Kurz vor Schluss erlebten wir also noch ein echtes Abenteuer. Mit großer Anstrengung schafften wir dann Gott sei Dank die verbleibenden 10 Kilometer bis nach Tembak ohne größere Probleme. Der Regen hörte auf, und schlagartig brannte wieder die Sonne vom Himmel. Tembak liegt direkt am Rande des Regenwaldes. Die Dajaks haben sich dazu entschlossen, ihr Land nicht an die Palmöl-Firmen zu verkaufen, sondern den Wald und die Tiere zu schützen. Ein perfekter Ort für Mamat und die anderen Orang-Utans also, um ihr neues Leben zu beginnen.

Die letzten Meter bis zum Schutzgebiet trat Mamat nicht im Käfig, sondern auf dem Arm von Willie an. Das ganze Dorf war auf den Beinen. Schon seit vielen Jahren gibt es hier keine Orang-Utans mehr, und der Häuptling hat es sich nicht nehmen lassen, eine traditionelle Einzugs-Zeremonie zu vollziehen. Der Beistand der Geister war erbeten. Dann konnte ja nicht mehr viel schief gehen!

Jetzt war es soweit: Mamat und seinen Freunden wurde die Freiheit geschenkt. Für diesen erhebenden Moment war ich nach Indonesien gekommen! Willie setzte Mamat ab und sagte: »So, nun bist du frei, du bist zurück in deinem Wald.« Mamat hatte verstanden. Langsam bewegte er sich davon. Aber halt! Er kam noch einmal zurück, er sah uns an, als wollte er Danke sagen – und Lebewohl. Dann verschwand Mamat in den hohen Bäumen. Und ließ uns zurück mit Tränen in den Augen.

Ich habe Mamat morgens, mittags und abends gefüttert, ich habe sein Vertrauen gewonnen und ihn kennengelernt. Ich bin auf dieser Reise an meine körperlichen Grenzen gestoßen, aber dieser Moment, als Mamat wieder zurück war in der Freiheit, dieser Moment der größten Hoffnung und tiefsten Gerechtigkeit, war der schönste Lohn, den man sich vorstellen kann.

DIE RETTER DER KOALAS
Unsere Reise nach Australien

Anflug auf Sydney. Das Ende der Welt ist ja selbst für den modernen Menschen nicht ohne Mühen zu erreichen. Fast 24 Stunden war ich von Deutschland aus unterwegs gewesen, um zum ersten Mal in meinem Leben den fünften Kontinent zu betreten. Ehrlich gesagt überraschte mich diese Tatsache kurz vor der Landung in Sydney für einen Augenblick fast ein wenig selbst. Schließlich habe ich, der ich im Laufe meiner 75 Lebensjahre, in denen ich so viele außergewöhnliche Orte gesehen, so viel erlebt habe, tatsächlich meinen Fuß noch nie auf das sagenumwobene Australien gesetzt. Dabei gibt es hier so viel zu entdecken. Wie das benachbarte Neuseeland ist ja auch Australien weltgeschichtlich betrachtet ein absoluter Jungspurn. Hier gibt es immer noch viele Gegenden in der Natur, die kein Mensch je betreten hat. Wo nur Sonne, Mond und Sterne zu Gast waren und ein paar Tiere. Und um eben diese Tiere sollte es natürlich gehen bei meinem Besuch.

Drei Wochen würde ich auf dem Kontinent verbringen und dabei mehr als 10.000 Kilometer zurücklegen. Es war gerade Winter in Australien, aber das bedeutet natürlich nicht dasselbe wie bei uns. Schal und Handschuhe konnte ich getrost im Koffer lassen, keine Spur meteorologischer Garstigkeit, die Temperaturen an der Ostküste waren äußerst angenehm. Mein Aufenthalt in Sydney, der Hauptstadt des Bundesstaates New South Wales und mit gut viereinhalb

Millionen Einwohnern die größte Stadt Australiens, war allerdings nur sehr kurz, schließlich war ich wegen der Natur hierhergekommen – aber ich ließ es mir nicht nehmen, einen Abstecher zur Uferpromenade zu machen, ein wenig am Wasser entlangzuspazieren und die großartige Aussicht auf das spektakuläre, weltberühmte Opernhaus zu genießen. In einem der zahlreichen Cafés setzte ich mich in die Sonne, bestellte einen erstaunlich guten Espresso und ließ die im Volksmund genannten »Aussies« an mir vorüberpromenieren. Alle sahen sehr glücklich und zufrieden aus, von dem guten Wetter verwöhnt, fernab von allen Sorgen und Nöten des alten Europa. Hier könnte man es gut aushalten. Ich schloss die Augen und stellte mir kurz vor, wie es wäre, jeden Morgen hier aufzuwachen. Noch einen Moment genoss ich die Ruhe. Dann meldete sich meine unbändige Neugierde zurück. Ich wollte mir ja unbedingt noch einen Überblick verschaffen, was mich in den nächsten Wochen Aufregendes erwarten würde, und außerdem schon ein paar einheimische Tiere näher kennenlernen: nämlich Wombats, Kängurus und Koalas. Matthias Reinschmidt wartete bereits im Featherdale Wildlife Park von Sydney auf mich. Die Wunderreise konnte beginnen.

Heimat der giftigsten Tiere der Welt

Australiens Tierwelt ist einzigartig. Der Kontinent beherbergt einen Artenschatz, der seinesgleichen sucht, was vor allem geografische Gründe hat: Vor vielen Millionen Jahren trennte sich Australien von der Antarktis und von Neuseeland ab. Die isolierte

Lage ermöglichte die Entwicklung einer einzigartigen Flora und Fauna. Dummerweise aber leben hier
neben vielen äußerst putzigen Tieren wie den Koalas
und Wombats auch jede Menge giftige Tiere, genauer
gesagt leben in Australien die giftigsten Tiere der
Welt. Was auf diesem Kontinent so alles kreucht und
fleucht, kann einem jedenfalls gehörig Angst einja-
gen. Kurz vor meiner Reise schenkte mir ein Freund
und Kenner meiner Phobien ausgerechnet noch ein
Buch über diese giftigen Tiere. Anstatt es gar nicht
erst zu beachten, blätterte ich darin und las mich
fest. Um in Lebensgefahr zu gelangen, muss man
freilich nicht über ein Krokodil stolpern oder beim
Schwimmen einem weißen Hai begegnen ... Es reicht
hier manchmal schon ein kleiner Schritt vom Wege
oder eine unaufmerksame Handbewegung. Giftige
Spinnen, Schlangen, Riesenameisen und Skorpione
fühlen sich hier pudelwohl. Ihr Biss führt innerhalb
kürzester Zeit zum Tod, der nur durch eine sofortige
Herzmassage und Mund-zu-Mund-Beatmung abge-
wendet werden kann – bis das Gift den Körper wieder
verlassen hat. Und das waren jetzt nur die harmlosen
Beispiele ...

Als ich schließlich mit Matthias vor dem Gehege
der Wombats stand, waren die beängstigenden Gedanken an die giftigen Tiere, die mir während der Ta-
xifahrt immer wieder in den Sinn gekommen waren,
zum Glück verschwunden. Meine Güte, waren diese
Tiere nett! Unmöglich, bei ihrem Anblick nicht in
Verzückung zu geraten. Sie sehen aus wie kuschelige
Mini-Bären, haben ein nagetierähnliches Gebiss und
sowohl im Ober- als auch im Unterkiefer je ein paar

große Schneidezähne. Trotz ihrer kurzen Beine und der rundlichen Statur können sie erstaunlich schnell laufen, und zwar bis zu 40 km/h. Fangen sollte man mit ihnen also wohl nicht spielen. Weitwerfen aber auch nicht. Die Beuteltiere werden 70 bis 120 Zentimeter lang und wiegen zwischen 20 und 40 Kilogramm. Je nach Art ist das Fell der pummeligen Tiere schwarz-, gelb- oder graubraun. Sie leben in Queensland, New South Wales, South Australia, Victoria und auf Tasmanien. In diesen Gegenden finden die nachtaktiven Beutelsäuger die perfekte Erde, um sich einen Bau anzulegen. Wittern die Tiere Gefahr, flüchten sie in ihre Höhlen und verschließen den Eingang mit ihrem Hinterteil! Eine charmante Variante zur Realitätsverweigerung anderer Tierkollegen. Den Kopf in den Sand stecken, das haben sie jedenfalls nicht nötig.

Im Grunde haben Wombats lediglich zwei große Feinde: den australischen Wildhund – Dingo genannt – und den Menschen, der es auf das Fell der Tiere abgesehen hat. Einige Wombat-Arten sind vom Aussterben bedroht, wie der nördliche Haarnasenwombat. Vor zwei Jahren befiel auch noch eine gefährliche Hautkrankheit namens Sarkopesräute die gefährdeten Wombats und raffte unzählige Tiere dahin.

Während ich die Wombats noch aus einiger Entfernung beobachtete, schonte mich Matthias bei den Riesenkängurus nicht und schob mich hinein ins Gehege. Fast alle hier lebenden Kängurus sind mit der Flasche aufgezogen worden, weil ihre Mütter überfahren worden sind. Keine drei Stunden war ich in Australien, und schon streichelte ich das Wappentier. Ich hatte natürlich gehörigen Respekt, schließlich kann einem so ein Känguru, wenn es sich aufrichtet und ausholt, ganz schön was auf die Mütze geben ... Überrascht war ich darüber, wie weich das Känguru-Fell ist. Aus irgendwelchen Gründen hatte ich es mir gröber vorgestellt – vielleicht, weil man Tieren, die eine gewisse Größe erreicht haben, von vornherein den Kuschelfaktor abspricht. Trotzdem: Kängurus können ganz schön brutal sein. In Zeiten der Nahrungsknappheit, in denen das eigene Überleben auf dem Spiel steht, kann die Mutter ihr Jungtier einfach aus dem Beutel schmeißen.

Kängurus sind im Grunde das Pendant zu unserem Reh, und die allermeisten Arten sind nicht gefährdet. Im Gegensatz zum vom Aussterben bedrohten Tasmanischen Teufel, dem Matthias und ich ebenfalls einen Besuch abstatteten. Eines der Zoo-Exemplare lag ziemlich entspannt in der Sonne und würdigte uns keines Blickes. Gut so, ich hatte ohnehin keine Lust, mit dem Tier auf Tuchfühlung zu gehen, was freilich auch nicht vorgesehen war. Kaum größer als ein Dackel, traut man dem Tasmanischen Teufel nämlich zu Unrecht wenig zu: Trotz seiner verhältnismäßig kleinen Masse hat das Tier die höchste Beißkraft aller Säugetiere. Diesem kräftigen Gebiss kommt man besser nicht zu nahe. Der Name Tasmanischer Teufel kommt nicht von ungefähr: Die fleischfressenden, schwarzen Beuteltiere mit einem weißen Flecken am Bauch sind aggressiv. Regen sie sich besonders stark auf, färben sich ihre Ohren rot, und sie verströmen einen übel riechenden Körpergeruch. In freier Wildbahn lebt der Tasmanische Teufel nur noch auf Tasmanien – auch dorthin sollte uns unsere Reise noch führen.

Ich verließ die Tasmanischen Teufel also leichten Herzens, denn jetzt ging's endlich zu den Koalas, die ja der Hauptgrund unserer spannenden Reise waren! Ich glaube, es dürfte weltweit nur sehr wenige Menschen geben, die bei den unfassbar niedlichen Koalas Berührungsängste empfinden. Ich jedenfalls wollte den Koala, der ganz entspannt auf dem Arm des Tierpflegers saß, sofort anfassen. Lieber noch hätte ich ihm den Koala entwendet und zum Kuscheln mit nach Hause genommen. Mein Frau hätte sich gewiss gefreut ... Seidenweich und warm fühlte sich das Fell des Tieres an, das wie ein Eukalyptus-Hustenbonbon roch, was an den ätherische Ölen und Pheneolen liegt, die die von den Koalas so gern gefressenen Eukalyptus-Blätter enthalten. Große Augen, putzige Nase, dazu ein treuherziger Blick. Allerdings hatte der Umstand, dass er mich so offen und getrost anguckte, wohl weniger mit meiner spezifischen Anwesenheit als damit zu tun, dass er den Kontakt mit Menschen schlicht gewöhnt ist. Ein in der Wildnis lebender Koala würde sich nicht so einfach streicheln lassen, im Gegenteil: Man bekäme bei Annäherungsversuchen dessen scharfe Krallen zu spüren. Die meiste Zeit aber schlafen Koalas ohnehin, nämlich täglich um die 20 Stunden. Kein schlechtes Leben. Den Baum oder Ast umklammern sie dann, als würden sie ihn am liebsten nie wieder loslassen. Läuft es für den Koala gut, kann er bis zu 20 Jahre alt werden. Der kleine Fellhaufen auf meinem Arm zumindest wirkte äußerst zufrieden. Bis zu 16 Kilogramm schwer können die Tiere werden, die mit 60-85 cm Körperlänge die größte Kletterbeutelart der Welt sind.

Es existieren zwei Koala-Arten: der Queensland-Koala, das ist der nördliche, und der südliche Koala. Doch die Zahl der wildlebenden Koalas sinkt dramatisch. Der Queensland-Koala ist extrem gefährdet – unvorstellbar, schließlich hat der Koala den Stellenwert eines Maskottchens. Experten schätzen, dass innerhalb von nur zehn Jahren zwei Drittel dieser Koalas verschwunden sind. Laut der Australian Koala Foundation leben nur noch 100.000 Koalas in der Wildnis. Schuld daran tragen neben dem Menschen, der sich, von seiner Expansionswut getrieben, immer mehr Land unter den Nagel reißt und den natürlichen Lebensraum der Koalas kontinuierlich minimiert, Wildkatzen und Rotfüchse. Eingeschleppt hat sie einst der Mensch. Laut Schätzungen bevölkern mittlerweile 20 Millionen wilde Katzen den Kontinent, die ihren Hunger stillen wollen. Der Quoll, eine australische Tierart, die zur Familie der Beutelmarder gehört, steht kurz vor dem Aussterben und ist nur ein Beispiel dafür, wie sehr Katzen und Füchse etlichen kleinen Beuteltierarten zu Leibe rücken beziehungsweise für deren Aussterben mitverantwortlich sind. Nicht, dass die Natur am Ende nicht immer schon von sich aus der grausamsten Regel des »survival of the fittest« gefolgt wäre, aber wenn der Mensch dieser Entwicklung auch noch nachhilft, zu einem willigen Vollstrecker wird, dann bringt das die Verhältnisse aus dem Gleichgewicht. Fest steht, dass die australische Fauna ein riesiges Problem hat. In keinem anderen Land der Welt sind in den vergangenen 200 Jahren so viele Säugetierarten ausgestorben wie in Australien – 29 an der Zahl. In Amerika ist es im gleichen Zeitraum

nur eine einzige Art gewesen: der wegen seines Pelzes
begehrte Seenerz.

Die Schutzherrin der Koalas

Wir flogen nach Brisbane. Später würden wir auch
den tropischen Norden Australiens rund um Cairns
besuchen und schließlich in Tasmanien die »Teufel«
besuchen, aber jetzt stand erst einmal Brisbane auf
dem Programm: Die Hauptstadt von Queensland ist
mit zwei Millionen Einwohnern die drittgrößte Stadt
Australiens. Spitzenreiter ist Brisbane indes hinsichtlich seiner Wachstumsrate, denn jeden Monat lassen
sich etwa 3.000 neue Einwohner in Brisbane und Umgebung nieder. Kein Wunder, das subtropische Klima
sorgt für 300 Sonnentage im Jahr, und auch im Winter liegen die Temperaturen bei angenehmen 20 Grad.
Gleichzeitig ist Brisbane aufgrund seiner vielen Eukalyptuswälder sogenanntes Koala-Land.

Nördlich von Brisbane liegt die Region Moreton
Bay, wo wir mit einer tollen Frau verabredet waren:
der Koala-Schützerin Anika Lehmann. Gemeinsam
mit ihrem Mann Henk, einem gebürtigen Karlsruher, wanderte sie vor 17 Jahren aus Holland aus, um
hier an der australischen Ostküste zu leben. Wir fuhren einige Stunden mit unserem Geländewagen über
holprige Straßen, bis wir schließlich im Reich der Leh-
manns ankamen: Es liegt am Ende einer schmalen,
unbefestigten Straße auf einem Hügel, bilderbuchhaft
umgeben von Wald, Pferdekoppeln und Wiesen.

Anika strahlte uns an: »Willkommen hier in unserem kleinen Paradies!« Die erste Überraschung

erwartete uns direkt im Wohnzimmer. Vier Baby-koalas, die warm eingepackt in ihren Körbchen saßen – zwei weitere im Garten in einem Gehege. Das waren Burramba und die kleine Enja. Burramba ist ein Aborigine-Name für Koala. Unfassbar süße Wesen, bei deren Anblick auch meinem zur Rationalität neigenden Biologenfreund Matthias das Herz aufging. Kein Wunder, der Koala diente schließlich als Vorbild für die Teddybären und wird oft auch als Koalabär bezeichnet, was schlichtweg falsch ist, weil er zu den Beuteltieren gehört. Mit dem Knuddeln mussten wir uns allerdings zurückhalten. Es geht darum, die Koalas möglichst naturnah aufzuziehen, sie sollen ja wieder ausgewildert werden. Wenn sie daran gewöhnt sind, permanent von irgendeinem Menschen gestreichelt und verhätschelt zu werden, gewöhnen sie sich zu sehr an die menschlichen Liebkosungen, und eine Wiederauswilderung wird dadurch erschwert beziehungsweise unmöglich. Deshalb hieß es für uns leider auch weitgehend: Finger weglassen, wenngleich man nicht umhinkam, doch das eine oder andere Mal heimlich über das weiche Fell zu streichen …

Koalas kommen blind und nackt zur Welt. Und: Sie sind mit zwei Zentimetern Länge winzig und wiegen lediglich ein knappes Gramm. Wenn sie in den Beutel ihrer Mutter gekrochen und damit in Sicherheit sind, bleiben sie dort sechs bis sieben Monate, trinken Milch und werden von der Mutter mit einer speziellen Art von Kot versorgt, mit dem die Mutter dem Baby Mikroorganismen aus ihrem Darm zuführt. Wie Kängurus haben auch Koala-Weibchen ihren Beutel vor dem Bauch. Ein geschützteres Dasein als in so einem

Beutel ist beinahe nicht vorstellbar. Abgeschirmt vor allen bösen Blicken und abgefedert gegen jedwede Form von Schlägen, die einem im rauen wilden Leben später an jeder Ecke drohen können, hat man hier das Privileg vollkommener Ruhe. Wird gehegt und gepflegt und muss sich um nichts kümmern. Ein Traum. Aber natürlich auch eine große Täuschung.

Enja war ungefähr sieben Monate alt. Ihre Mutter hatte, als Anika sie fand, so viele Verletzungen, dass sie eingeschläfert werden musste. Enja war noch ganz klein und wog nur 180 Gramm. Die ersten Monate hat sie in einer Brutmaschine gelebt. Bis Anika sie auswildern kann, wird es sicherlich noch ein gutes Jahr dauern. Über 70 sogenannte »Joeys«, also Koalababys, hat Anika hier bei sich zu Hause schon aufgezogen. Die Mütter der Babys wurden entweder überfahren oder von Hunden schwer verletzt. Anika kämpft um jedes einzelne Tier ...

Wenn man beobachtet, mit wie viel Liebe und Leidenschaft sich Anika und Henk für den Schutz der bedrohten Koalas einsetzen, weiß man: Sie haben ihre Lebensaufgabe gefunden. Zwei Menschen, die an einem Strang ziehen, deren Herz an der Schönheit unseres Planeten hängt und die alles in ihrer Macht Stehende tun, um ihren Beitrag für den Erhalt zu leisten. Solche Menschen treffen zu dürfen, ist ein großes Geschenk. Man lernt von ihnen etwas über das Leben, und zwar das wahre, das echte, das ungeschminkte Leben – jenes Leben, nach dem sich der moderne Mensch so sehnt. Wir suchen in Glücksratgebern nach Rezepten für ein erfülltes Dasein, beschäftigen uns am liebsten mit uns selbst, unseren Befindlichkeiten und

Wünschen – und verpassen so das Eigentliche. Menschen wie Anika und Henk öffnen einem die Augen für das, was wirklich zählt.

Mit wie viel Fachwissen und Mutterliebe sich Anika den Tieren nähert, das hat mich tief beeindruckt. Als »Koalamutter« fütterte sie ein Tier nach dem nächsten und rieb deren Bäuchlein, bis alle – es waren insgesamt vier Babys – satt waren. Diese Prozedur wiederholte sie alle paar Stunden, im gleichen Rhythmus, wie es die echte Mutter tun würde. Auch im Gehege im Garten, wo die bereits etwas größeren Koalajungtiere saßen, die bald zur Auswilderung anstanden, wurden die Koalas noch mit dem Fläschchen gefüttert, aber Anika und Henk versorgten die Tiere auch jeden Tag mit frisch geschnittenen Eukalyptusästen mit Blättern, die kräftig verzehrt wurden – eine Grundvoraussetzung, damit die Tiere erfolgreich ausgewildert werden können. Man merkte jedenfalls sofort, dass Anika hier nicht ihre ersten Koalas aufzog, sondern sich seit 17 Jahren um die Tiere kümmert. Sie ist durch und durch ein Profi mit viel Herzblut und hat ein bestens funktionierendes Aufzuchtssystem entwickelt.

Doch wie wird man als Holländerin eigentlich Zieh-Mama von Koalas in Australien? Das sei gar nicht ihr Plan gewesen, sagt Anika, der Zufall habe Regie geführt – oder das Schicksal? Jedenfalls begann alles in dem Moment, als Anika und Henk am Rande einer Landstraße einen toten Koala fanden. Was sollten sie tun? Mussten sie jemanden verständigen? Wen? Unter welcher Nummer? Nachdem sie dann etwa 20 Telefonnummern durchhatten, bekam sie endlich Hilfe.

Ich habe Henk und Anika gleich in mein Herz geschlossen. Sie haben alles aufgegeben, um den Koalas zu helfen. Im Garten bauten sie ein Gehege, in dem die größeren Joeys leben, bevor sie ausgewildert werden. Hier gewöhnen sie sich daran, Eukalyptus zu fressen. Eukalyptus aber ist nicht gleich Eukalyptus: Koalas sind sehr wählerisch, und von den über 300 verschiedenen Eukalyptusarten schmecken ihnen nur wenige. Nun gut, hinzu kommt, dass selbst der robusteste Verdauungsapparat bei einer gewissen Blausäurebelastung kapituliert. Anikas Tierreich wirkt wie das perfekte Trainingscamp, in dem die Tiere üben können, wie sie sich in der Natur verhalten müssen. Denn natürlich sind sie an eine Form der Unterstützung und Sicherheit gewöhnt, mit der sie dort draußen auf keinen Fall rechnen können. In dem Gehege durchlaufen die Koalas gewissermaßen ein Überlebenstraining. Hier wird ihnen gezeigt, was sie durch den unvorhersehbaren Tod ihrer leiblichen Eltern zu lernen verpasst haben: wie man sich dem Schicksal mutig entgegenstellt.

Anika stellt uns Casey vor – eine Spätzünderin. Normalerweise sollte sie schon lange wieder auf sich selbst gestellt in der Wildnis leben, aber sie ist eben ein bisschen langsam. Vielleicht will sie aber auch nur noch ein bisschen länger bei Anika bleiben und ist schlicht besonders schlau. Jedenfalls hat jeder Koala wie auch jeder Mensch sein eigenes Tempo.

Wie fängt man eigentlich einen Koala?
Am nächsten Tag fuhren Matthias und ich mit Anika zu den Koala-Wäldern. Schnell wurde das eigent-

liche Problem sichtbar: Moreton Bay ist eine extrem boomende Region. Die Menschen, die hierher ziehen, benötigen Platz, für Häuser, Supermärkte, Straßen. Dort, wo früher noch Eukalyptus-Wälder ihre volle Pracht entfalteten, durchschneiden heute Verkehrsnetze die Landschaft. Die Reviere der Koalas schrumpfen mehr und mehr, ihr natürliches Lebenshabitat wird täglich stärker beschnitten. Der traurige Zersiedelungswahnsinn brachte Anika fast zum Weinen. Jemanden, der mit so viel Herzblut wie sie kämpft, der leidet auch an der Rücksichtslosigkeit profitgetriebener Kapitalisten. Wir fuhren zu einer Großbaustelle mitten in einem der letzten Koala-Wälder. Betreten war nur in Sicherheitsmontur gestattet! Hier wird eine neue Bahntrasse gebaut, doch die ist erst der Anfang. Der Mensch will schließlich auch shoppen und parken und und und ... Die Koalas mögen geschützt sein, aber was hilft den Tieren dieser Schutz, wenn ihr Lebensraum dem Zerstörungswahn zivilisationsgieriger Menschen schutzlos ausgeliefert ist? Ein kleiner Lichtblick ist, dass Biologen die Population rechts und links der Bahn überwachen. Heute sollte ein Tier eingefangen und einem Gesundheitscheck unterzogen werden. Ein selbst für meinen Biologenfreund ganz neues Unterfangen, und das will schon etwas heißen!

Wir wurden von Tosh und Andi begrüßt, die hier in Vollzeit als Koala-Fänger arbeiten. Es gibt ja so viele interessante Jobs auf dieser Welt, von denen man noch niemals gehört hat. Die 200 Koalas auf dem Gelände der Baustelle tragen alle einen Sender um den Hals und werden regelmäßig kontrolliert.

Wir gingen also in den Wald, und die Jungs orteten die Tiere. Aber bevor es losging, mussten wir uns noch von unserer Sicherheitsmontur befreien. Wir wollen bei den Koalas schließlich kein Aufsehen erregen – und deshalb hieß es auch, sich so leise wie irgend möglich zu bewegen.

Und tatsächlich: Rasch fanden wir den Koala, den wir finden wollten!

Dabei hatte ich befürchtet, wir müssten erst stundenlang durch den lichten Eukalyptuswald laufen, bis wir auf das erste Tier stoßen. Daran, dass es so schnell ging, sieht man leider auch, wie nahe der Mensch den Tieren gekommen ist. Das Tier war nicht allein, es war eine Mutter mit Baby. Das Koala-Weibchen saß bestens getarnt in seinem Revier, der Koala hat nämlich die gleiche graue Farbe wie der Eukalyptusbaum.

Nur: Wie würden wir den jetzt da am besten herunterkriegen?

Eine spannende Herausforderung: Einer der Jungs musste jetzt den Baum hochklettern ... Ungefährlich war das für Tosh nicht, denn wenn sich ein Koala angegriffen fühlt, fährt er seine Krallen aus und beißt. Wir drückten also alle fest die Daumen.

Was mich allerdings beruhigte, war die Tatsache, dass Tosh in seinem Leben schon fast 4.000 Koalas gefangen hat ... In gut 10 Metern Höhe würde er nun versuchen, das Koala-Weibchen mit einer Stange nach unten zu scheuchen, was gar nicht so einfach ist, denn normalerweise flüchten Koalas immer nach oben. Und dann hielt sich unser Koala auch noch ausgerechnet an der Fangstange fest. So ein Koala ist schneller, als man denkt, und er kann bis zu zwei Meter springen!

Frank Elstner – Unterwegs für den Artenschutz

Triton-Kakadu zur Begrüßung in der Loro Parque Stiftung

Ein Paar Lear-Aras im Flug

Wasserschwein

Kaiman im Pantanal

Riesentukan

Frank Elstner mit Spixara in der Zuchtstation der
Loro Park Fundacion

Bei der Beobachtung der Lear-Aras

Hyazintharas

Frank Elstner mit Schlange im Pantanal

Frank Elstner mit Holzfigur Lear-Ara

São Paulo

Gorilla-Männchen im Primatenzentrum Djakarta

In der Kobus-Auffangstation für Orang-Utans

Der Orang-Utan Mamat wird in seinen Lebensraum
zurückgebracht

In der Kobus-Auffangstation in Borneo

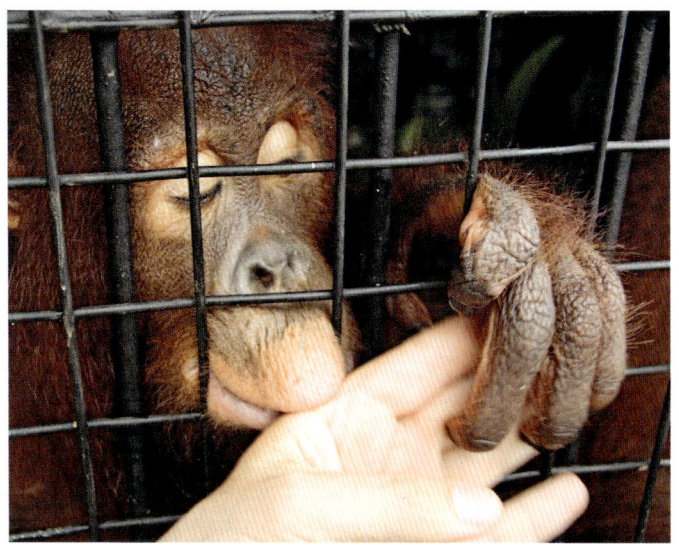

Vertrauliche Gesten

Junger Orang-Utan beim Nahrungstest

Jenny Maclean mit jungen Orang-Utans

Landwirtschaftlich genutztes Land auf Sulawesi

Frank Elstner mit Willie Smits und einem Bauern

Handelsschiff im Hafen von Bitung

Meeresschildkröteneier – ausgebuddelt zur Rettung

Koala beim Fressen

Nacktaugenkakadus kämpfen um den besten Sitzplatz

Kängurus (Australiens Wappentier)

Waldkunde mit Aborigini

Königssittich (vorn), Gebirgslori (hinten)

Matthias Reinschmidt mit dem Reisemotto

Jenny Gilbert in der Meeresschildkröten-Station

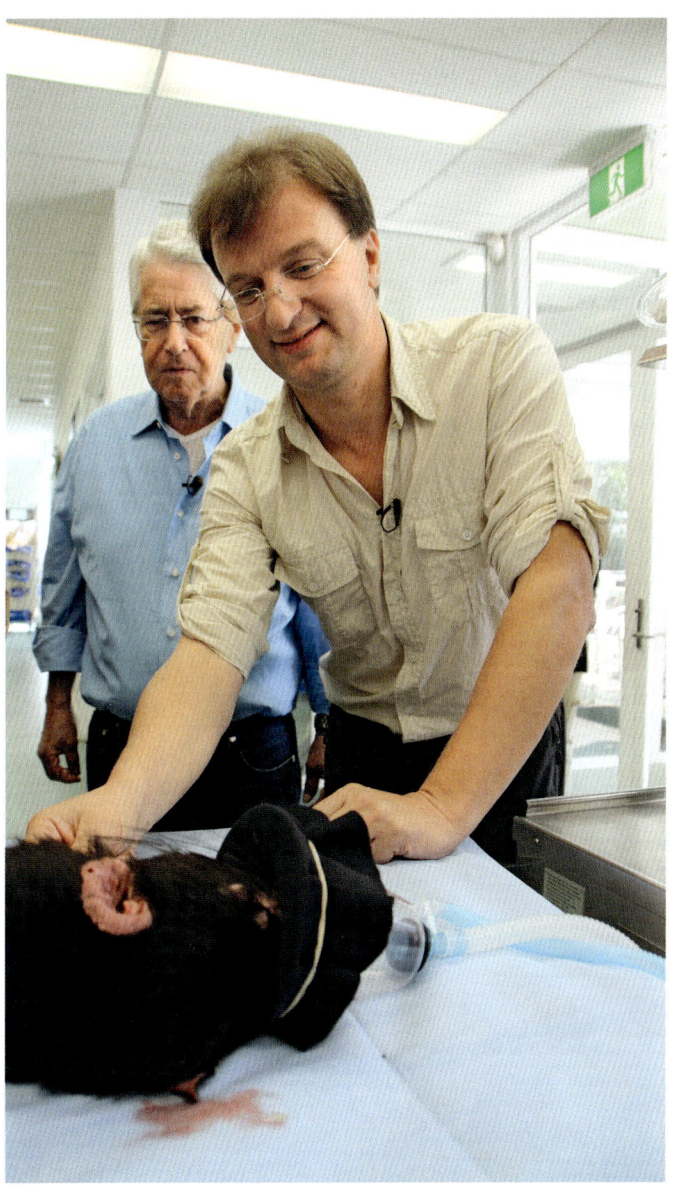

Bei der Untersuchung eines tasmanischen Teufels in der
Wildlife-Currumbian Sanctuary

Im Yarra Range National Park kommen wildlebende Papageien Frank Elstner ganz nah

Bei Annika Lehmann im Aufzuchtsgehege

In der Station »Künstliche Besamung«/Dreamworld

Sri Lanka-Riesenhörnchen

Hanuman-Affe

Matthias Reinschmidt und Frank Elstner mit Brian Batstone

Frank und Matthias bei der Hautpflege eines Elefanten

Der tägliche Gang zur Wasserstelle

Alle vier Stunden werden die kleinen Elefantenwaisen
mit Milch gefüttert

Frank, Matthias und Brian im Yala-Nationalpark

Die vier ausgewilderten Elefanten

Vor vielen Jahren ausgewilderte Elefantenkuh mit ihrem Erstlingsnachwuchs

Hutaffen in Sri Lanka

Frank Elstner – Botschafter des Artenschatzes

Matthias Reinschmidt, Frank Elstner und Christian Ehrlich

In dem Moment, als die Mutter sich bewegte und irre schnell den Baum hoch und runter kletterte, hatte ich schon Bedenken, ob das Kleine nicht runterfällt, aber die Tiere sind mit einem Greifreflex ausgestattet und halten sich mit aller Kraft an der Mutter fest. Trotz seiner Gerissenheit: Der Koala konnte uns nicht entwischen! Jetzt hieß es ab in die Klinik, den Koala durchchecken, die Batterie des Chips wechseln, und am Nachmittag sollte das Tier bereits wieder in die Freiheit entlassen werden. Koala M216 wurde also direkt zur Wildtier-Klinik gefahren. Mit diesem Projekt wollen die Biologen dokumentieren, wie die Tiere auf den Bau der Eisenbahn reagieren. Vielleicht helfen die Daten bei anderen Projekten, Opfer zu vermeiden. Es könnte ja durchaus einmal geschehen, dass sich staatliche Entscheider oder Unternehmen nach den Regeln des Naturschutzes richten und nicht immer nur den geraden Weg zum Profit gehen. Solche Sender sollen als Beweismasse dienen, wenn es bei einem nächsten größeren Infrastrukturprojekt um die Frage geht, ob die Gefährdung von Tieren nur ein von bösen Gegnern gestreutes Gerücht oder eben empirisch belegbar ist.

Ankunft in der EVE-Klinik: Hier werden alle Tiere des Projektes zwei Mal im Jahr untersucht und seit neuestem auch geimpft. Außerdem wird der Sender ausgelesen, wodurch die Forscher wissen, wie sich die Tiere bewegen. Wo sie schlafen, wann sie jagen, welche Kilometerzahlen sie pro Tag zurücklegen, mit wie vielen Unterbrechungen, mit welchem Tempo. Sarah Ecclestone und Ann Jackson hatten Dienst. Von ihnen erfuhren wir, dass M216 auch einen richtigen Namen hat, nämlich Fiona. Und Fiona bekam direkt eine Narkose. Ehrlich gesagt hatte ich ein wenig Angst und dachte: Hoffentlich wacht Fiona wieder auf! Eine Narkose ist schließlich eine Narkose, und es gibt keine Garantie, dass alles glatt läuft. Das Baby bekam natürlich keine Betäubung.

Bei dem Gesundheitscheck wird auch überprüft, ob das Tier verletzt ist – und wenn ja, wodurch es sich diese Verletzungen zugefügt hat. Zusätzlich wird ein Ultraschall gemacht und Blut abgenommen.

Für Matthias war die Koala-Klinik natürlich ein absolutes Highlight, denn so hatte er die Chance, einem Koala einmal direkt in die Augen zu schauen und zu beobachten, was genau die Tierärztin mit dem Koala machte, wie so eine Untersuchungen vonstattenging. Auf diese Weise lernt man auch die Anatomie der Tiere besser kennen, und eine derart intensive Nähe ist wahrlich fantastisch. Wir hatten auch die Möglichkeit, am Kot des Koalas zu riechen. An und für sich keine schöne Angelegenheit, sollte man meinen, aber bei einem Koala riecht der Kot nach Eukalyptusbonbon – lutschen wollte ich diesen »Bonbon« trotzdem nicht.

In der Klinik werden alle Tiere gegen Chlamydien geimpft – übrigens auch bei Menschen dringend zu empfehlen. Bei uns in Deutschland geht das Gesundheitswesen viel zu lasch mit diesen potenziell gefährlichen Infektionsträgern um, während in Großbritannien eine Impfung gegen Chlamydien Pflicht ist. In jedem Fall könnte eine solche Impfung bei der Rettung der Koalas ein wichtiger Baustein sein. Denn diese Krankheit ist heimtückisch und oft tödlich. Sie wird auch von der Mutter auf die Babys übertragen. Bisher gab es keine Heilung. Doch hier in der Klinik wurde ein neuer Impfstoff entwickelt, der jetzt getestet wird. Chlamydien sind für viele Tierarten ein Problem, ob es Papageien sind oder Koalas. Bei Koalas ist es aber ein richtig gravierendes Thema, denn 50 Prozent der Koalapopulation ist mit Chlamydien verseucht.

An dieser Stelle muss ich kurz ausholen und meinen Biologenfreund Matthias zitieren. Bei dem Koala-Retrovirus, abgekürzt KoRV, handelt es sich um ein behülltes Virus, das zur Familie der Retroviren und zur Gattung Gammaretrovirus gehört und nur Koalas infiziert. Wie alle Retroviren nistet es sich dauerhaft in das Erbgut des Wirtes ein. Die Infektion mit dem Koala-Retrovirus wird zu einem zunehmenden Problem für die ohnehin schon geschwächten Koala-Bestände. Das KoRV nistet sich in die Keimzellen der Beutelbären ein und schwächt die Immunabwehr. Dadurch werden Infektionen vor allem durch Chlamydien erleichtert. Die Tiere sterben oder erblinden infolge der Chlamydieninfektion oder verlieren ihre Fruchtbarkeit. Auch erleichtert eine Infektion mit dem Virus Erkrankungen wie Leukämie, Lymphome und Krebs. Der im Norden des Landes lebende Teil der Population ist nahezu vollständig infiziert, während im Süden noch viele Gebiete ohne das Virus existieren.

Fiona war für heute fertig durchgecheckt. Das Ergebnis: Sie und ihr Baby waren absolut fit. Wir konnten sie also beruhigt zurück in den Wald bringen, in ihre kleine, bedrohte Heimat. Hier kann sie mit etwas Glück bis zu 15 Jahre alt werden. Die meisten Artgenossen schaffen das allerdings nicht. In Australien werden pro Jahr alleine 4.000 Koalas von Autos angefahren. Besonders gefährlich ist die Zeit zwischen Juli und Dezember, wenn die Tiere von ihren Bäumen kommen und sich auf Partnersuche begeben. Dann sind sie unaufmerksam und von ihren Hormonen abgelenkt, kein dem Menschen vollkommen unbekannter Zustand. Ohne nach links und rechts zu schauen, posieren sie dann mitunter am Wegesrand, um einen besonderen Eindruck auf das andere Geschlecht zu machen. Nicht gerade wie männliche Kraniche, die einen regelrechten Verführungstanz aufführen, um ihre Weibchen zu werben, aber doch auch nicht ganz fern davon, betreiben die männlichen Koalas einen großen Aufwand, um sich in vorteilhaftes Licht zu rücken. Worauf Fiona, unser Koala-Weibchen, dabei genau steht? An diesem Tag erfahren wir es nicht.

Wir setzten Fiona genau an jenem Eukalyptusbaum wieder aus, an dem wir sie gefangen hatten. Als Fiona flink ihren Baum hochkraxelte, stieß sie eine Art Jammern aus – Nervosität, sagte Anika, und Aufregung, ist alles noch, wie es war? Geht es meinem Baby gut? Aber nach spätestens zehn Minuten sollte Fiona wieder ganz entspannt und die Alte sein.

Doch der Tag war noch lange nicht zu Ende ...

Anikas Telefon klingelte: Wir sollten noch einen weiteren Koala einfangen, doch diesmal war es ein Notfall, und jede Sekunde zählte. Anwohner hatten einen Koala in der Nähe einer Garage entdeckt. Mitten in einem Wohngebiet! Hier herrschte natürlich Lebensgefahr für das Tier. Anika musste sofort handeln ...

Wie genau sich der Koala in das Wohngebiet verirrt hatte, war schwer zu sagen. Fest stand, dass das Tier ohne schnelle Rettung sterben würde. Erstens gibt es in der Stadt keine Eukalyptusquellen, und zweitens lebten in der Nachbarschaft bissige Hunde ...

Anika bekam handfeste Unterstützung von zwei Mitarbeiterinnen der Klinik. Zu dritt würden sie es gewiss schaffen! Trotz vereinter Kräfte war die Situation äußerst heikel. Würde der erste Einfangversuch misslingen, könnte der Koala über den Zaun in den Nachbargarten entwischen. Und aus dieser Ecke drang ein gefährliches Hundebellen zu uns herüber. Aber Anika und ihre Helferinnen schafften es! Der Koala war in Sicherheit. Es vergeht kein Tag, an dem Anikas Notruf-Handy nicht klingelt. Bis zu vier Mal pro Tag muss sie los, um einen verirrten Koala zu retten.

Wir fuhren das Tier, die Verkehrsregeln etwas lockerer als sonst interpretierend, zum Currumbin Wildlife Hospital, wo alle möglichen Wildtiere versorgt und teilweise sogar gezüchtet werden, um sie irgendwann auszuwildern und ihren Bestand zu vergrößern. Kaum angekommen ging die Hektik weiter. Bekittelte Klinikmitarbeiter eilten an uns vorbei. Wir mussten unseren Koala erst einmal kurz stehen lassen, denn gerade stand ein Tasmanischer Teufel kurz vor der Operation. Das war schon irre, so einen Tasmanischen Teufel aus einer solchen Nähe zu sehen! Das Tier sollte eigentlich für Nachwuchs sorgen, denn Tasmanische Teufel sind vom Aussterben bedroht. Sie leiden an einer Krebs-Erkrankung, die große Teile der Population befallen hat. Die australische Regierung rettete einige Dutzend Exemplare in Auffangstationen. Doch auch dieser hier schien einen Tumor zu haben. Gab es noch Hoffnung?

Gott sei Dank schlief der Teufel tief und fest. Wir sahen sein Riesen-Gebiss, das mit der Beißkraft eines

Krokodils zu vergleichen ist – und das bei einem relativ kleinen Kerl! Gut, dass er außer Gefecht gesetzt war.

Zum Glück gab der Tierarzt Entwarnung: eine harmlose Wucherung. Er nahm noch eine Gewebeprobe, dann durfte der Teufel auch schon wieder aufwachen.

Ein paar Minuten später torkelte er zurück in sein Gehege – und schlief in Ruhe seinen Rausch aus. Er hatte ja alle Zeit der Welt. Der Name »Teufel« kommt übrigens vom schaurigen Schrei der Tiere. Den sollten wir mit etwas Glück am Ende unserer Reise in Tasmanien noch hautnah erleben.

Jetzt endlich konnte auch unser Koala in die Quarantäne gesetzt werden. Die Pfleger hatten das Weibchen inzwischen »Flossy« getauft. In ein paar Tagen würden alle Untersuchungen abgeschlossen sein. Wird Flossy zurück in die Freiheit dürfen? Wird sie die traumatischen Erinnerungen an die tobende Stadtatmosphäre vergessen und diese todesbedrohliche Erfahrung hinter sich lassen können? Das stand in den Sternen.

Während der vergangenen Tage war mir bewusst geworden, dass der Mensch einerseits der größte Feind der Koalas ist, andererseits aber auch eine große Hoffnung für ihn darstellt. Denn nur, wenn sich Menschen für den Schutz der Koalas einsetzen, hat er langfristig überhaupt eine Überlebenschance. Ein richtiges Paradox: Zerstörer und Bewahrer zugleich, ist der Mensch der wichtigste Partner für den Koala. Er trägt im Positiven wie im Negativen enorme Verantwortung. Er kann sich nicht aus der Affäre ziehen, in hundert Jahren muss er Rechenschaft ablegen über sein Verhalten hier und heute.

Wir würden bald nach Brisbane zurückkommen und mehr wissen. Jetzt hieß es erst einmal wieder Koffer packen für Cairns, wo wir eine ganz andere Tierwelt erleben würden. Ich war unheimlich gespannt auf alles, was uns dort erwartete ...

Die Schwäbin, die mit den Kängurus spricht

Cairns liegt im tropischen Norden Australiens, zwischen Pazifik und Regenwald, direkt am Great Barrier Reef, dem mit etwa 2.000 Kilometern größten zusammenhängenden Korallenriff der Erde. Ein Paradies für Taucher und Unterwasserjunkies. Ich bewundere all jene, die sich trauen, mit einer begrenzten Sauerstoffmenge in die unbekannten Tiefen des Meeres hinabzutauchen und dort in absoluter Stille den Wundern der Natur zu folgen. Auch wenn ich selbst lieber an der Oberfläche bleibe und dort das Abenteuer suche.

Doch wie lange werden wir überhaupt noch die einzigartige Schönheit dieses Korallenriffs bewundern können? Zwei Drittel des Great Barrier Reef sind von der sogenannten Korallenbleiche befallen. Die Erwärmung der Meere setzt den Meereslebewesen stark zu, und sie stoßen die Algen, die sich auf ihnen symbiotisch angesiedelt und sie in herrlich bunten Farben zum Leuchten bringen, ab. Zwei Jahre hintereinander suchte das Riff eine verheerende Korallenbleiche heim. Das ist auch deshalb eine große Katastrophe, weil es den Korallen, die sich im Grunde wieder erholen können, fast keine Chance auf ein neues Erblühen lässt.

Linderung der Korallennot könnten Haie bringen, denn dort, wo viele Haie leben, sind laut wissenschaftlichen Studien Korallen gesünder und widerstandsfähiger. Der australischen Regierung ist es gerade noch einmal gelungen, die UNESCO mit ihrem Aktionsplan zur Rettung der 3.000 Einzelriffe davon zu überzeugen, das Great Barrier Reef nicht auf die Rote Liste des bedrohten Welterbes zu setzen. Der Imageschaden wäre jedenfalls enorm gewesen und hätte dem Tourismus sicherlich geschadet. Trotzdem: Ist es angesichts der großen Schäden nicht höchste Zeit, der Bedrohung durch die Listung des Riffs die nötige Aufmerksamkeit zu verleihen? Wie lange will die UNESCO dem Korallensterben noch zusehen? Denn mit ihnen stirbt auch die Artenvielfalt.

In Cairns ist es auch im Winter über 30 Grad heiß. Meine Jacken blieben im Koffer.

Wir fuhren durch den ältesten Regenwald der Welt, den 700 Quadratkilometer großen Daintree Nationalpark. Er ist mehr als 100 Millionen Jahre alt und gehört seit 1988 zum UNESCO-Weltnaturerbe. Im Daintree Regenwald lebt nicht nur die älteste Känguru-Art, das Moschusrattenkänguru, sowie etliche Reptilien-, Beuteltier- und Vogelarten, sondern dort sind auch 3.500 Pflanzenarten beheimatet. Viele davon existieren ausschließlich unter diesem gigantischen Tropendach. Die vielen giftigen Tiere versuchte ich zu verdrängen.

Am Rand des Waldes, im weniger heißen Hochland, liegt die Lumholtz Lodge von Margit Cianelli. Die ehemalige Tierpflegerin des Stuttgarter Zoos Wilhelma sorgt seit Jahren dafür, dass dieser Wald nicht abgeholzt wird. Die nächsten Tage würden wir bei ihr in ihrem wunderschönen Haus verbringen.

Dass Margit Cianelli, die uns herzlich begrüßte, seit 40 Jahren mitten im Regenwald lebt, konnte ihrem schwäbischen Akzent offenbar nicht das Geringste anhaben. Genauer gesagt spricht sie »Schwäbisch mit badischem Unterton«, wie sie uns wissen ließ.

Neben den Baumkängurus leben hier natürlich auch Kängurus, die sich am Boden wohler fühlen als in irgendeinem Baumwipfel. So wie »Flipflip«, einer von Margits Zöglingen. Die Art heißt auf Deutsch »Flinkes Känguru« – na, warum wohl …

Die hüpfende Fortbewegung der Kängurus ist unter so großen Tieren übrigens einzigartig. Offenbar aber gab es einst eine Zeit, da hüpften Kängurus nicht durch Australiens Steppe, sondern bewegten sich schrittweise und damit viel langsamer als heute. So jedenfalls die Theorie einer Evolutionsbiologin aus Neuengland, die Fossilien der vor 30.000 Jahren ausgestorbenen Kurzschnauzenkängurus mit dem Knochengerüst heutiger Känguru-Arten verglichen hat und eine unterschiedliche Biegsamkeit der Wirbelsäule feststellte. Die der Kurzschnauzenkängurus war eher fest und sprungungeeignet, und die Füße der Urkängurus, die bis zu 240 Kilogramm wiegen konnten, sind eher im Sinne des Spazierengehens geformt. Hüpfen hätte wohl schlicht irrsinnige Rückenschmerzen bereitet.

Margit hat ihr Herz an alle Tiere verschenkt – ein paar Beutelratten laufen ebenfalls ganz selbstverständlich bei ihr zu Hause herum und klettern ihr auf die Schultern. Margits größte Zuneigung aber gilt den Kängurus.

Kimberly ist ein Baumkänguru, das Margit großgezogen hat. Als Kimberly zu Margit kam, war sie etwa ein halbes Jahr alt und hatte bereits ein traumatisches Erlebnis hinter sich. Das Känguru war ins Wasser gefallen, und hätten nicht sofort ein paar Kinder beherzt eingegriffen und das Tier gerettet, wäre es ertrunken. 600 Gramm wog Kimberly damals, und Margit musste lange kämpfen, bis die Kleine endgültig über dem Berg war. Seit zwei Jahren gehört Kimberly inzwischen zu Margits Tierfamilie, und seit fast einem Jahr geht sie jeden Tag raus in die Wildnis.

Wieder einmal war es eine starke Frau, die sich um bedrohte Tiere kümmerte. Diesen weiblichen Einsatz für eine bessere, geschütztere Tierwelt würden wir nicht das letzte Mal erleben auf unserer Reise.

Am Abend unternahmen wir einen kleinen Abstecher in den Regenwald und suchten Kimberly. Trüge sie keinen Sender ,wären wir chancenlos gewesen ... Margit erzählte uns, dass Kimberly zwar nie mehr als etwa zweihundert Meter vom Haus entfernt sei, aber sie wisse ja nicht, in welche Richtung sich das Känguru bewege.

Plötzlich wackelte und raschelte es in einem Baum irgendwo über unseren Köpfen: Kimberly! Aber so recht wollte das Baumkänguru nicht hinunter kommen, und es dauerte eine Weile, bis sich Kimberly zu uns bequemte – überraschend unelegant übrigens, als wollte sie uns auf diese Weise ihre Unlust demonstrieren ... Ob unsere Gesellschaft wirklich so schlecht war? Vielleicht lag es vor allem an unserem Geruch, dieser Mischung aus Schweiß und Deo, das für die olfaktorischen Rezeptoren der Tiere grundsätzlich wohl **106** eine ungeheure Zumutung darstellen muss.

Schließlich setzte sich Kimberly doch noch auf Margits Schultern, und es ging ab nach Hause. Das Känguru ist noch nie eine Nacht außer Haus geblieben. Das ist schon erstaunlich. Denn man darf bei all der hier vorgeführten Zahmheit nicht vergessen, dass es sich um ein wildes Tier handelt. Und trotzdem kommt es immer wieder. Also muss da eine magische Verbindung sein zwischen Margit und diesem Tier. Sonst kann ich mir nicht vorstellen, dass es wie ein Hündchen, abends, wenn es Essenszeit ist, nach Hause kommt und Margit folgt.

Und während es sich Kimberly drinnen gemütlich machte, gingen wir noch mal nach draußen. Es war bereits dunkel und regnete und: Es sah so aus, als hätte sich Margits Tierliebe im Regenwald herumgesprochen. Mitten im Garten saß ein Fuchskusu und wartete auf Margit. Und dann kam noch einer und noch einer. Am Ende müssen es ein Dutzend gewesen sein, die von uns mit Rohkost gefüttert wurden. Offenbar wussten die alle, dass es bei Margit etwas umsonst gibt ... Australien ist wirklich das Land der niedlichsten Beuteltiere! Die kleinen Kletterer mit den großen, harmlosen Augen und den seitlich abstehenden Ohren werden auch Possum genannt. Sie ernähren sich von Blättern, Blüten, Knospen und Früchten und vermehren sich derart rasant, dass sie mancherorts, zum Beispiel in Neuseeland, zur Plage geworden sind. In der Freiheit liegt die Lebenserwartung dieser possierlichen Tierchen bei fünf bis sieben Jahren.

Ein Frühstück mit Tieren

Der nächste Tag auf Margits Lodge. Wir waren bereits sehr früh aufgestanden, weil wir noch ein außergewöhnliches Wildlife-Hospital besuchen wollten.

Unser Frühstück nahmen wir in tierischer Gesellschaft ein ... Um uns herum waren Kängurus und Ratten und alle möglichen Beuteltiere, man könnte sagen, es war ein wenig *strange* – hier passt dieser Ausdruck wirklich wie die Faust aufs Auge! Den Appetit verdarb uns die ungewöhnliche Gesellschaft jedenfalls nicht, im Gegenteil, Matthias und ich hatten uns bald daran gewöhnt.

Nach dem Frühstück brachte Margit Kimberly wie gewohnt in den Dschungel. Dort würde das Baumkänguru den restlichen Tag auf den Urwaldriesen nach Blättern und Blüten suchen. In wenigen Monaten wird Kimberly bereit für ein Leben ohne menschliche Hilfe sein. Was das Größte für Margit wäre: Könnte sie Kimberly eines Tages mit einem Jungen im Beutel sehen! Und wer weiß, vielleicht passiert das ja ... Und: Vor einigen Monaten ist es so weit gewesen, Margit hat uns geschrieben, dass Kimberly ein Jungtier im Beutel und es ihr vorgestellt hat.

Matthias und ich verließen die Lodge und fuhren zum Tolga Bat Hospital. Dort kümmert sich Jenny Maclean (noch eine starke Frau und Tierretterin) um verletzte Fledermäuse und Flughunde. Die Australierin nimmt etwa 700 Tiere pro Jahr auf. Die meisten sind noch Babys, die von ihren Müttern heruntergefallen sind. Jetzt im australischen Winter kommen vor allem verletzte Flughunde, denen einer der Stacheldrähte auf den Feldern zum Verhängnis wurde. Die menschliche Zivilisation als ständige Bedrohung für das freiheitliche Wildtierleben – diese Erfahrung machten wir an jeder zweiten Station unserer Reise.

Wir begleiteten Jenny in eines der riesigen Gehege. Wahnsinn, so viele und so große Flughunde hatte ich noch nie zuvor gesehen. Wenn die ihre Flügel ausbreiten, dann haben sie eine Spannbreite von bis zu 60, 70 Zentimeter Länge.

Zugegeben, ich gehöre zu den Menschen, die eine gewisse Scheu vor Flughunden und Fledermäusen haben – um nicht zu sagen: Angst! Aber als ich diese kleinen Gesichter sah mit den süßen Näschen, da war meine Beklommenheit tatsächlich wie weggeblasen.

Und meinem Biologenfreund Matthias kletterte gleich eines der Tiere auf den Kopf! Da war er wieder voll in seinem Element ... Die hier lebenden Tiere haben sich an die Hilfe der Menschen gewöhnt. Sie vertrauen ihnen und belohnen sie für ihre Hilfe mit Zutraulichkeit.

Ein Flughund mit Flügelverletzung musste am selben Tag noch behandelt werden. Das Tier hatte sich in einem Stacheldraht verheddert, und in einem der Flügel klaffte ein Loch. Und wenn schon mal ein Zoodirektor vor Ort ist, soll der auch mit anpacken. Matthias schnitt ganz vorsichtig das tote Gewebe ab. Der Flughund hielt ganz still, er hatte keine Schmerzen, denn die Haut war ja abgestorben und nicht mehr durchblutet. Ob der kleine Flughund jemals wieder fliegen und ausgewildert werden kann, auch hier war das eine offene Frage. Ich denke oft daran zurück, wie viele Tiere ich auf meiner Reise mit einem ungewissen Gefühl ihrer Zukunft gegenüber verlassen habe. Und doch war das Fantastische eigentlich immer die große Hoffnung, die alle Beteiligten in ihr Schicksal legten. Nie ist mir eine **109** leichtfertig abfällige Haltung bei den verschiedenen Tierpflegerinnen und -pflegern begegnet. Immer waren da ein Grundoptimismus und ein starker Glaube an die Besserung zu spüren.

Wir fuhren weiter in den Daintree Nationalpark, ein atemberaubendes Fleckchen Erde. Mooks vom Aborigine-Stamm der Gugujalangi erwartete uns bereits und würde uns mit in den Dschungel nehmen – allerdings nur, wenn wir zusammen mit ihm ein traditionelles Ritual vollführten. Wir gingen durch eine Rauchwolke, um die bösen Geister nicht mit in den Regenwald zu schleppen. Mooks Familie lebt seit Jahrhunderten im Einklang mit der Natur. Früher als Jäger und Sammler, heute führt er Besucher wie uns in die Geheimnisse seines Waldes ein.

Mook ließ nicht nur Rauch aufsteigen, er klopfte auch an einen großen Baum. Mit diesem Geräusch kündigt er seinem Stamm Besucher an. Kommunikation mithilfe der Natur und ohne Handy ... Jedenfalls wusste jetzt jedes Stammesmitglied von unserer bevorstehenden Ankunft. Als Erstes zeigte uns Mooks die sogenannte Todespflanze, an der schon Menschen gestorben sind. Vor einigen Jahren zum Beispiel benutzte ein Tourist die Blätter der Pflanze als Toilettenpapier – und starb an den Folgen, so Mooks Erzählung. Als ich später, zurück in Deutschland, Näheres über die Pflanze herauszufinden versuchte, scheiterte ich – ebenso wie mein Freund Matthias. War die Geschichte am Ende nur ein Märchen ...? So oder so, Gefahren drohen hier nicht nur von Pflanzen, hier gibt es auch die berüchtigten Blutegel, und Mooks befreite sich von einem, der unter sein T-Shirt gekrochen war. Auch wir würden unsere Körper später unter die Lupe nehmen müssen! Mein Vorschlag, einen anderen Ort im Urwald aufzusuchen, war natürlich absurd, die Blutegel lauerten ja überall. Als wir schließlich ein traumhaftes Plätzchen mit einem Fluss erreichten, waren die kleinen Tierchen schlagartig vergessen. Kristallklares Wasser! Obwohl man in den Tropen vor nicht abgekochtem Wasser Vorsicht walten lassen sollte, konnten wir unmöglich widerstehen. Das Wasser schmeckte herrlich frisch. Irgendwie erinnerte mich die Szenerie ein bisschen an die Gertelbacher Wasserfälle im Schwarzwald. Gut, dass Mooks das nicht verstanden hatte, denn er war zu Recht mächtig stolz auf seinen Fluss.

Und damit endete unser Tag im Dschungel. Kein Blutegel, kein Durchfall, keine Schlangenattacke. Na, wer sagt's denn?!

Die Retter der Schildkröten

Am nächsten Morgen bestiegen wir ein Boot und fuhren direkt ins Paradies: nach Fitzroy Island am Great Barrier Reef. Die Sonne strahlte vom Himmel, das Wasser war glasklar, und wir erreichten einen herrlichen Strand mit Palmen, an dem man den Tag herrlich faulenzend hätte verbringen können. Aber zum Rumhängen waren wir ja nicht in den Dschungel gekommen. Unsere Mission war eine andere. Bei uns war Jenny Gilbert, die auf der kleinen Insel eine Auffangstation für Meeresschildkröten betreibt. In 20 großen Bassins werden verletzte Schildkröten gesund gepflegt. Ehrenamtlich arbeitet hier auch Christian

Miller, ein deutscher Fotograf, der nach Australien ausgewandert ist.

Häufig bleiben die Schildkröten viele Monate oder gar Jahre in der Station, bis sie wieder gesund sind. Manche werden dabei richtig zahm.

Wie viele verletzte Schildkröten die Station jedes Jahr aufnimmt, das ist schwer zu sagen, Christian schätzt, dass es im Schnitt um die 20 Tiere sind.

Das größte Problem für die Schildkröten ist der Mensch. Wieder einmal. Die Gründe sind vielfältig. Nehmen wir nur mal die am Boden entlangschleifenden Fischernetze, die das Seegras zerstören und damit Schildkrötennahrung wegnehmen. Viele Tiere, die in die Obhut von Jenny und Christian kommen, sind ausgemergelt und müssen langsam wieder an Gewicht zulegen. Unterernährung als häufigste Todesursache – wer hätte das ahnen können …

Matthias fütterte sofort eine der Schildkröten mit einem Tintenfisch. Heißhungrig verschlang sie den unerwarteten Happen. Was für ein Festmahl!

Jenny und Christian führten uns auf die Intensivstation, wo die schweren und kritischen Fälle untergebracht sind.

Eines der Tiere, das dem Tod gerade noch einmal von der Schippe springen konnte, hat als Verletzung ein Loch im Panzer davongetragen. Die Jagd auf Schildkröten zum Verzehr ist in Australien tatsächlich noch erlaubt – und sie wird sogar praktiziert. Dass ein zivilisiertes Land wie Australien das Abschlachten von Meeresschildkröten nicht verbietet, ist ein Skandal. Ganz besonders schlimm ist, wenn die Eier legenden Weibchen, die an Land kommen, geschlachtet werden

– die gelegten Eier werden dann eingesammelt und gelten zum Beispiel in Asien als Delikatesse. Nicht die einzige »Spezialität« dort, bei der sich uns Europäern der Magen umdreht.

Fischernetze, Schiffsschrauben, Jäger: Die Heimat der Meeresschildkröten steckt voller Gefahren und ist stark bedroht. Vor allem die Umweltverschmutzung macht den Meeresschildkröten enorm zu schaffen. Die unzähligen Plastiktüten, die ins Meer gelangen, werden von den Schildkröten oft mit Quallen verwechselt, die zum natürlichen Nahrungsspektrum der Tiere gehören. Fressen die Tiere diese Tüten, führt das oft zu einem Darmverschluss – und dann zu einem langsamen, qualvollen Tod. Auch die vielen Boote stellen eine große Gefahr dar, weil sie, fahren sie über die schwimmenden Tiere hinweg, diese an Panzer und Gliedmaßen verletzen.

Einem von Jennys und Christians Tieren fehlten zwei Flossen, Gott sei Dank eine auf der rechten und die andere auf der linken Seite, sonst könnte das Tier nie wieder schwimmen. Aber mit zwei Flossen können sich diese wahren Überlebenskünstler auch draußen behaupten.

Und während ich diese armen, verletzten Wesen betrachtete, entdeckte ich aus dem Augenwinkel eine gigantische Spinne!

»Christian, Christian, ist die giftig?«

»Die ist nicht giftig.«

»Woher weißt du das?«

»Ich weiß das nicht wirklich. Aber wir wissen hier, dass diese Art von Spinne nicht giftig ist.«

»Na gut, dankeschön.«

»Guck mal, welch schöne gelben Markierungen sie hat, das sieht doch toll aus – oder?«

»Ich möchte lieber die Schildkröte angucken.«

Wenn man hier lebt, verliert man offensichtlich schnell die Angst vor solchen Krabbelviechern ...

Christian erzählt uns von seiner Liebe zu exotischen Tieren, vor allem denen der Unterwasserwelt. Von klein auf habe er einen unbändigen Entdeckerdrang gespürt. Christian wollte hinaus, er wollte die Welt entdecken. In Australien ist er seit etwas mehr als zehn Jahren. Fotos macht er immer noch, aber nur noch zu seinem eigenen Vergnügen. Die Wirklichkeit ist jetzt spannend genug für ihn, er sehnt sich gar nicht mehr besonders nach dem visuellen Effekt.

Aber für viel mehr Plaudern blieb uns gar keine Zeit, denn eine Schildkröte musste vermessen werden. Und das funktioniert nur, wenn alle mit anpacken.

Wir hievten sie aus dem Wasser. Wahnsinn, wie schwer so eine große Schildkröte ist, sie muss 30 bis 40 Kilogramm gewogen haben. Bei Schildkröten misst man immer den Panzer. Dessen Länge betrug 72 Zentimeter. Der Schwanz der Schildkröte wird nicht mitgemessen. Wir passten natürlich auf, denn so eine harmlos wirkende Schildkröte kann ganz schön zubeißen. Wie bei uns Menschen sagt das schöne Äußere nichts über die charakterlichen Hintergründe aus. Ein noch so harmlos ausschauendes Wesen kann auf einmal zur bösen Furie werden. Jenny hatte schon mal einen ziemlich unangenehmen Beißunfall, infolge dessen ihr ein Daumen wieder angenäht werden musste.

Wir setzten das Tier zurück ins Wasser. In ein paar
Wochen kann es wieder in die Freiheit zurück. Und

zum Schluss zeigte uns Jenny noch Margaret. Eine etwa 100 Jahre alte Meeresschildkröte, die völlig unterernährt auf die Station kam.

Woran man das Alter einer Schildkröte erkennt? Anhand deren Größe. Was alles passiert ist, als Margaret durchs Meer schwamm: Sie war schon auf der Welt, da gab es weder Internet noch Fernsehen noch Radio. Und auch kein Artenschutzabkommen. Da wurden die Schildkröten noch weltweit gejagt und zu Suppen verarbeitet. Und Margaret hat all das überlebt. Jetzt war sie hier gelandet, wurde wieder gesund gepflegt und kann noch mal ein paar Jahre älter werden.

Wirklich großartig, wie sehr sich Jenny und Christian für die Schildkröten einsetzen. Kurz nach unseren Dreharbeiten bekamen die beiden dafür übrigens den »Pride of Australia«-Orden, eine Art Bundesverdienstkreuz.

Der krönende Abschluss unseres Besuchs war ein Ausflug ins Meer, gemeinsam mit Christian, wo wir uns auf die Suche nach Meeresschildkröten begaben und deren Lebensraum erkundeten …

Matthias sehnte bereits den ganzen Tag diesen Moment herbei, einmal am Great Barrier Reef schnorcheln zu dürfen, hinabzublicken und die Vielfalt an bunten Korallen und farbenfrohen Fischen zu erleben.

Für mich war es der erste Schnorchelgang meines Lebens. Wie gesagt, ich hatte bisher vor allem das Abenteuer auf sicherem Grund bevorzugt. Na ja, um ganz ehrlich zu sein, muss ich gestehen, dass von einem Schnorchelgang nicht wirklich die Rede sein konnte. Ich hatte ganz schön mit den Wellen zu kämpfen. Dauernd war mein Schnorchel verstopft und meine Taucherbrille voll Wasser. Trotzdem war diese Farbenpracht natürlich beeindruckend. Als ich mich schon wieder abtrocknete, hatten Christian und Matthias tatsächlich noch Glück und entdeckten eine Meeresschildkröte.

Mit diesem Erlebnis endete unsere Zeit im tropischen Norden Australiens. Eine Woche waren wir jetzt schon unterwegs. Am nächsten Tag kehrten wir zurück nach Brisbane.

Wie geht es unserem Liebling Flossy?

Wir fuhren direkt ins Currumbin Wildlife Hospital, um nach Flossy zu sehen. Die Nachrichten waren nicht gut. Unser Koala litt an einer Augenentzündung, die jeden Tag behandelt werden musste. Die Tierärzte konnten uns noch nicht sagen, wann und ob Flossy wieder ganz gesund wird. Aber vielleicht würden wir ja Glück haben und Flossy würde rasch genesen, was natürlich toll wäre, so könnten wir nämlich noch bei ihrer Auswilderung mit dabei sein. Aber vorerst hieß es einmal mehr: Daumen drücken. Die Hoffnung stirbt bekanntlich zuletzt.

Hier in der Klinik hielt sich aber noch einen ganz anderer, sehr seltener Patient auf, nämlich ein Schnabeligel. Es gibt weltweit nur zwei Säugetiere, die Eier legen: das Schnabeltier und der Schnabeligel. Schnabeligel gehören zur Ordnung der Kloakentiere, was nicht so verheißungsvoll klingt, aber Namen sind ja oft Schall und Rauch.

Der Schnabeligel wurde mit einer gebrochenen Nase eingeliefert. Nicht das Ergebnis eines Boxkampfs, sondern eines schweren Unfalls. Die meisten Tiere landen hier, weil sie von Autos oder Fahrrädern angefahren wurden. Das war schon ein skurriler Anblick, wie dieses Schnabeltier mit seinen langen Stacheln in der Kiste saß. Auch die Nase beziehungsweise Schnauze der Tiere ist unheimlich lang, weil sie Ameisen und Termiten fressen. Ihre verlängerten Füße und Zehen graben sie geschickt in die Erde. Aber auch diese Tiere sind leider inzwischen bedroht. Auch ihre Freiheit müssen wir achten und uns schützend vor sie stellen. Es geht doch beim Naturschutz wie in unserer Gesellschaft generell darum, dass die Stärkeren die Schwächeren schützen. Dass es eben nicht nur heißt: survival of the fittest, sondern der Kampf dahin geht, dass auch die Schwachen und Bedürftigen geschützt werden. Wenn irgendwo, dann liegt doch hier die zivilisatorische Zusatzleistung, die wir Menschen in die Natur mithineingebracht haben. Sonst machen wir doch vor allem eines, nämlich viel kaputt.

Da wir Flossy im Moment außer mit unserem seelischen Beistand nicht helfen konnten, fuhren wir weiter Richtung Moreton Bay und trafen unsere Koala-Schützerin Anika Lehmann wieder. Sie wollte uns zu einem ganz besonderen Einsatz mitnehmen .... Auf dem Weg machten wir in einem Örtchen namens Tourbol an der Pazifikküste Halt – und hier lagen die Kängurus ganz entspannt direkt am Meer, quasi im Vorgarten der Menschen! Dabei sind Kängurus eigentlich sehr scheue Tiere. Es gibt nur ganz wenige Stellen in Australien, wo sie so zahm sind wie hier. Das hat damit zu tun, dass die Kängurus hier eine perfekte Nahrungsgrundlage vorfinden. Die eingewanderten Menschen haben die Koalas vertrieben, die Eukalyptusbäume sind weg, aber die Kängurus profitieren davon. Denn jedes der Häuser hat einen Vorgarten, und jeder Rasen wird gewässert. Das ist ideale Nahrung für die Kängurus, die hier fast so eine Art liebgewonnenes Haustier geworden sind.

Wir näherten uns sehr, sehr langsam den Kängurus. Anika fraß das erste sofort aus der Hand, während die von mir angesteuerten Kängurus lieber Reißaus nahmen. Im Gegensatz zu Anika hatte ich mich nicht klein genug gemacht, war also nicht in die Knie gegangen und habe auch den Augenkontakt nicht gemieden. Anfängerfehler ... Bei meinem nächsten Versuch hatte ich Erfolg!

Wir verließen die wahrscheinlich entspanntesten Kängurus überhaupt und reisten weiter ins Koala-Land. Mit dem Wetter hatten wir kein Glück, der Himmel verdunkelte sich und ein heftiges Regengebiet zog über Moreton Bay. Wir waren mit Romane und Anthony verabredet, deren Hund Maya der einzige Hund der Welt ist, der auf das Auffinden von Koalas trainiert ist. Die Französin Romane Critescu lebt seit acht Jahren in Australien und arbeitet für die Universität der Sunshine Coast. Heute sollte sie einen Bauplatz absuchen. Anika und ihre Mitstreiter würden hier gern ein Koala-Schutzgebiet errichten.

Die Fähigkeit des Hundes, Koalas aufzuspüren, ist wirklich sensationell. Er wurde darauf trainiert, den Kot der Tiere zu finden. Denn dort, wo es Kot gibt, gibt es auch Tiere! Biologen bräuchten Jahre, um das Gebiet mit Ferngläsern abzusuchen. Für Maya ist das alles ein großes Spiel. Die Suche begann. Wie ein Trüffelschwein richtete sie die Schnauze auf den

Boden und stöberte wie wild von links nach rechts, von vorne nach hinten. Ein toller Wald! Es wäre wirklich eine Schande, wenn man ihn roden würde. Maya schnupperte freudig unter jedem Eukalyptusbaum ... und dann auf einmal: Koala-Kot!

»Bravo, Maja.« Wir waren auf der richtigen Spur. Das ist natürlich enorm wichtig, weil es beweist, dass der Wald ein guter Ort für Koalas ist. Jetzt mussten wir natürlich den Koala in diesem Baum finden, und auch dabei hatten wir schnell Glück.

Übrigens sitzen Koalas nicht immer weit oben in den Bäumen. Ist es besonders heißt, umarmen die Beuteltiere recht weit unten den Stamm, um sich abzukühlen. Sie geben Wärme ab, ohne Wasser zu verlieren. So schützen sie sich vor dem Austrocknen. Besonders große Erfrischung bietet in Zeiten großer Hitze, das fanden Wissenschaftler heraus, die Schwarzholz-Akazie. Obwohl Koalas die Blätter des Baums gar nicht schmecken, suchen sie am Hauptstamm der Akazie Kühlung. Der Hauptstamm nämlich ist oft bis zu fünf Grad Celsius kühler als die Luft. Clevere Tiere! Eine teure Klimaanlage brauchen sie nicht.

Anika hofft, dass sie dieses Gebiet irgendwann kaufen und einzäunen kann, zum Schutz der Tiere. Doch für die Verwirklichung dieses Traums fehlen Anika noch viele Spenden.

Mit dem Tasmanischen Teufel ist nicht zu spaßen!
Am nächsten Tag saßen Matthias und ich schon wieder im Flugzeug. Diesmal nach Tasmanien, der Insel am unteren Zipfel von Australien, deren Größe mit

der Irlands vergleichbar ist. Die Natur geizt dort nicht mit ihren Reizen und zeigt sich in ihrer ganzen Vielfältigkeit, ob schneebedeckte Gipfel, bizarre Küsten, hügelige Landschaften, Eukalyptuswälder oder Regenwälder. Der wild gezackte Cradle Mountain erinnert an die Dolomiten. Wenn man noch 2.500 Kilometer weiter Richtung Süden reisen würde, käme nur noch die Antarktis. Folgerichtig war es ziemlich kalt, als wir auf der rauen Insel mit ihrer einzigartigen Tierwelt ankamen, nämlich sechs Grad. Der Wind pfiff uns um die Ohren und trieb die dunklen Wolken am Himmel vor sich her. Einst, von 1833 bis 1853, war hier auf der Insel, in Port Arthur, die größte Sträflingskolonie Australiens, ein berüchtigtes Gefängnis, aus dem es allein wegen seiner abgeschiedenen Lage kein Entkommen gab. Einmal soll sich ein Gefangener doch tatsächlich als Känguru verkleidet haben. Als die Wärter auf das vermeintliche Tier zielten, um es zu töten, gab sich der Häftling zu erkennen – so die Geschichte. Eine geglückte Flucht ist jedenfalls nicht überliefert. Nun waren wir also in der Heimat der Tasmanischen Teufel. Diese fleischfressenden Beuteltiere gibt es nur hier, und noch heute Nacht würden wir sie mit etwas Glück live erleben. Ich wusste allerdings nicht, ob Freude oder Furcht bei mir dominierten …

Unser Ziel war ein 40 Hektar großes Gelände in Bicheno, auf dem eine Gruppe der Teufel lebt. Der Biologe Chris Boland erwartete uns dort. Er kämpft seit Jahren dafür, dass die vom Aussterben bedrohten »Devils« hier wieder heimisch werden.

Die Biologen hatten die Teufel für uns freundlicherweise an Lampen gewöhnt, und als die Sonne untergegangen war, hieß es warten. Chris hatte aus Roadkill ein totes Känguru für die Teufel mitgebracht, das sie anlocken sollte. Gespannt schauten wir auf das Känguru. Und plötzlich bewegte sich etwas, ein Rascheln, und der erste Teufel näherte sich vorsichtig, gefolgt von einem zweiten. Ich war fasziniert, ein eindrucksvoller Augenblick, wie sich die Teufel an das Tier heranpirschten. Sie sahen sich noch einmal skeptisch um, aber dann siegte die Gier, und sie machten sich gefräßig über das tote Tier her.

Im Zoo, wo wir den ersten Devil gesehen hatten, fanden wir ihn noch irgendwie recht niedlich auf seine ganz spezielle Art. Freilich dachten wir, oh, recht ordentliche Zähne, aber als die zwei Teufel vor unseren Augen plötzlich miteinander zu kämpfen begannen, weil jeder das Känguru für sich haben wollte, da wurde mir ziemlich mulmig zumute. Was waren das für Schrei-, nein, Kreischgeräusche, die sie ausstießen! Die gruseligen Laute gingen einem durch Mark und Bein. Kein Wunder, dass diese wilden Tiere Teufel heißen …

Die Tiere werden hier von Chris auf ein Leben in Freiheit vorbereitet. Schon in zwei Wochen ist es so weit, und sie werden ausgewildert.

Dass Chris seine Schützlinge bald nicht mehr sehen wird, stimmt ihn natürlich ein klein wenig traurig, schließlich hat er sie von klein auf großgezogen. Aber er hofft, dass seine Teufel den Grundstock für die Wiederbesiedlung Tasmaniens bilden. Das wäre sein größter Triumph und Erfolg: könnte er dazu beitragen, dass die alte natürliche Faunasituation wiederhergestellt würde. Er erzählte uns, dass es die ersten Tiere sind, die gegen den heimtückischen Krebs geimpft wurden, der die Teufel an den Rand der Ausrottung gebracht hat. Überleben sie, könnte das Schlimmste überstanden sein und sich das Blatt endgültig zugunsten der Teufel wenden.

Unser Tasmanien-Stopp war leider nur sehr kurz, aber dafür umso eindrucksvoller. Den Kampf der Teufel um das tote Känguru werde ich sicherlich nicht vergessen!

Von Wissenschaftlern und Koalababys

Wieder ging es in die Nähe von Brisbane. Wir fuhren zwei Stunden landeinwärts, wo wir einen Termin mit einer weltweit einzigartigen Forschergruppe hatten: den ersten Wissenschaftlern, die Koalas künstlich befruchtet haben. Mit ihrer Arbeit wollen sie dazu beitragen, die Art zu retten. Wir trafen die Biologen Bridie Schultz und Sean Fitzgibbon sowie den Wildtierarzt Vere Nicolson. Heute suchten sie nach einem … na ja … potenten Männchen.

Die Forscher zeigten uns eine neue, unheimlich entspannte und in dieser Gegend effiziente Methode, Koalas aufzuspüren: einfach ins Auto setzen, die Straße entlangfahren, rechts und links gucken, wo es sich ein Koala gemütlich gemacht hat, und stoppen. Koala-Land eben!

Und tatsächlich, nach wenigen Minuten rief der Fahrer: »Da ist einer.«

Wir hielten an. Was Matthias noch nicht wusste: Er sollte mithelfen, den Koala zu fangen … Mit seiner Aufgabe konfrontiert, war er sofort mit dabei!

Wenn wir eines auf unserer Reise gelernt haben, dann das: Koalas fangen ist kein Zuckerschlecken. Immerhin saß das begehrte Exemplar nicht gar so hoch in seinem Baum. Mit einer langen Stange scheuchte einer der Männer das Tier gekonnt den Baum herunter, während Matthias schon mit dem geöffneten Sack wartete, in dem wir den Koala transportieren wollten. Das Einfangen verlief reibungslos, der Koala brummte wenig amüsiert, aber er war in unserem Gewahrsam und konnte nicht mehr entwischen!

Auf einer nahegelegenen Farm hatten die Forscher ihr provisorisches Labor eingerichtet. Hier sollte das Koala-Männchen gleich von Tierarzt Vere narkotisiert werden. Das Besondere dieser Wissenschaftsgruppe ist, dass sie Sperma von Koalas gewinnen und dann die Weibchen künstlich befruchten. Unser Koala wurde narkotisiert, sein kleiner Penis stimuliert und das Sperma mit einem Röhrchen aufgefangen. Das war schon eine skurrile Situation. Aber so traurig es ist: Vielleicht ist diese Technik die letzte Möglichkeit, die Queensland-Koalas zu erhalten.

Das Sperma wurde unter dem Mikroskop untersucht. Anders als für mich war das Ganze für Matthias nichts Neues. Er hatte während seiner Zeit als Zoodirektor auf Teneriffa künstliche Besamungen bei Papageien durchgeführt. Jedenfalls war es eine schöne Probe, die winzigen Spermien bewegten sich sehr aktiv.

Mit diesem Sperma sollte am nächsten Tag ein Weibchen besamt werden. Aber bevor das geschah, brachten wir unseren Spender erst einmal zurück in die Natur, zu seinem Heimatbaum. Nicht nur was die Eukalyptusblätter betrifft, auch hinsichtlich ihres

Baumes sind Koalas nicht sonderlich kompromissbereit. Diese so genügsam wirkenden Tiere entwickeln durchaus Präferenzen für bestimmte Bäume. Das führt so weit, dass Männchen während der Paarungszeit einzelne Bäume mit einem Sekret markieren, das auch die Weibchen anlockt. Dass sich allerdings ausgerechnet die Weibchen auf den gefährlichen Weg zu den Männchen machen müssen, die entspannt im Baum hocken und einfach abwarten, ist nicht ganz gerecht ...

Bridie lud uns ein, mit ihr am nächsten Tag die Besamung durchzuführen. Da sagten wir gerne »Ja!«. Schließlich erlebt man nicht alle Tage, wie das größte Wunder der Natur vom Menschen imitiert wird. Die Fortpflanzung nicht als glücklicher Zufallstreffer, sondern als planbarer Rechnungserfolg.

Wir trafen uns am nächsten Tag in der Zuchtstation von Dreamworld, einem Zoo und Freizeitpark mit dem passenden Namen. Er stellt dem Projekt seine Gehege zur Verfügung. Hier leben die niedlichen Ergebnisse der künstlichen Besamungen. Und wir waren die Ersten, die sie filmen durften.

Das war in der Tat ein außergewöhnliches Erlebnis, denn hier sind weltweit die allerersten Koalas durch künstliche Besamung gezeugt worden und haben das Licht der Welt erblickt: Bislang bereits etwa 35 Junge. Ein unheimlich großer Beitrag zum Arterhalt! Die künstliche Besamung ermöglicht auch einen Austausch der Gene sowie die Zusammenführung kleiner Populationen, die auf natürlichem Weg gar nicht mehr zusammentragbar wären.

Einfacher formuliert: Inzucht wird so vermieden. Wir suchten nach einem Weibchen, das in Stimmung war. Dazu trug ein Tierpfleger ein Männchen durch die einzelnen Gehege. Alle warteten auf die Reaktion der »Damen«. Und siehe da, ein Weibchen bekundete ihr deutliches Interesse durch das Ausstoßen lauter Schreie.

In der Klinik wurde der Eingriff bereits vorbereitet. Die Forscher arbeiteten auf Hochtouren. Klappte alles, würde unser Koala-Weibchen in 35 Tagen ein winziges Baby gebären. Für die Besamung musste das Weibchen nicht einmal narkotisiert werden.

Die Gelegenheit zu bekommen, bei so einer künstlichen Besamung dabei zu sein, ist schon überwältigend. Man wird auf einmal sehr ehrfürchtig, weil man Zeuge eines Eingriffs ins Wesentliche wird: das Leben. Und wenn daraus dann neues Leben entsteht, Leben, das zum Erhalt einer Art beiträgt, dann ist das kaum mit Worten zu beschreiben. Die Wissenschaft rund um die künstliche Besamung von Koalas leistet Großartiges!

Endlich frei! Ein Koala im Glück

Bevor wir am nächsten Tag nach unserem geretteten Koala Flossy sehen wollten, fuhr ich gemeinsam mit Matthias noch in ein Waldgebiet, das Matthias von früheren Reisen her kannte. Ich ahnte schon, was er suchte: Australien ist schließlich auch der Kontinent der Sittiche und Kakadus – und das ist ja bekanntlich seine Leidenschaft. Matthias wollte hier einen alten Freund treffen, einen Vogelliebhaber, der den gesamten australischen Kontinent bereist hat, um die bunten Vögel zu studieren. Hier, sagt er, komme man ihnen näher als irgendwo sonst.

Matt begrüßte uns herzlich. Matthias hat ihn vor acht Jahren in Australien kennengelernt und sich von ihm die wunderbare Papageienwelt zeigen lassen. Inzwischen sind die beiden dicke Freunde. Wir befanden uns mitten in einem lichten Wald, an einem auch von Papageien gut besuchten Picknickplatz. Und tatsächlich kamen die Vögel furchtlos auf uns zu. Wir hatten ihnen freilich auch etwas Futter mitgebracht, und nachdem mir Matthias ein paar Körner auf meinen Kopf gestreut hatte, ließ sich prompt ein Tier auf meinem Haupt nieder und verdeckte mir mit seinem Gefieder den Blick.

Die Tiere mit den roten Federn sind die Altvögel und die Grünen, das sind noch Jungtiere. Grünschnäbel gewissermaßen. Sie sind noch nicht ausgefärbt, wie es in der Fachsprache heißt. Richtig rot sind sie erst mit zwei Jahren.

Und es wurden immer mehr Vögel: Pennantsittiche und Königssittiche sowie am Boden die Großen Gelbhaubenkakadus! Ich hätte es nie für möglich gehalten, dass die Tiere so zahm und zutraulich sind. Schließlich waren wir ja nicht in einem Zoo, sondern mitten in der Wildnis.

Der nächste Tag – unser letzter in Australien. Wir waren zurück in die Klinik gefahren, wo seit fast 3 Wochen unser Koala Flossy behandelt wurde. Und jetzt gab es Gott sei Dank gute Nachrichten: Flossy war wieder gesund. Das Koala-Weibchen sollte noch am selben Tag ausgewildert werden. Wir waren gerade zur rechten Zeit gekommen! Zu Beginn unserer Reise hatten wir sie aus einem Wohngebiet gerettet, und jetzt würden wir sie gemeinsam mit der Koala-Schützerin

Anika Lehmann in einem Eukalyptus-Wald auswildern, Flossys neuer Heimat.

Der Wald lag am Rande einer Baumschule. Einige von Anikas Mitstreiterinnen waren ebenfalls gekommen. Ein großer Moment, nicht nur für Flossy. Ich hatte weiche Knie. Irgendwo schrie ein Vogel, der Himmel verfärbte sich auf einmal und dunkle Wolken zogen über uns hinweg.

Warum wir Flossy ausgerechnet an diesem Ort aussetzten? Weil wir sie in der Nähe gefunden hatten und ein Gesetz existiert, dass Koalas innerhalb eines Ein-Kilometer-Radius vom Fundort ausgewildert werden müssen. Ich hatte das Gefühl, in Flossys Gesicht ein Lächeln zu erkennen. Jetzt mussten wir nur noch über einen Zaun klettern, der die Hunde von Flossys neuem Zuhause fernhalten soll.

Anika war glücklich, in ihren Augen sah ich ein paar Tränen, Freudentränen. Ein berührender Moment, den niemand von uns so schnell vergessen wird.

Und dann war es so weit: Wir öffneten den kleinen Transportkäfig, in dem Flossy nervös umherguckte. Sofort nahm sie verschiedene Duftspuren auf, schnüffelte hier und da. Und dann, plötzlich: roch sie ihren Baum! Wie schnell sie den Baum dann hinaufkletterte, überraschte uns enorm. Drei Wochen hatte Flossy um ihr Leben gekämpft, und jetzt war sie wieder frei. Dies Gefühl verlieh ihr ungeheure Kräfte. Kein Blick zurück, kein Winken, nicht mal ein leiser Dank – Flossy erklomm ihre neue Heimat, als wäre sie allen Umstehenden den Beweis schuldig, dass sie wieder in alter Topform war. Oben am Himmel riss in diesem Moment die Wolkendecke auf und ein sanfter Sonnenstrahl legte sich auf das Blättergeflecht, hinter dem Flossy eben verschwunden war. Noch eine Zeit lang hörte man ihre Pfoten an der Baumrinde entlangschaben, hörte ihr leises Keuchen, das bald schon mehr nach einem Jauchzen klang. Dann war es ganz still und friedlich. Wir schauten noch einmal nach oben, hielten den Atem an und versicherten uns, dass gerade in der Tat Wirklichkeit geworden war, wovon wir geträumt hatten: Flossy war wieder dort, wo sie hingehörte. Einen schöneren Abschluss unserer Australien-Reise hätte es gar nicht geben können.

DIE RETTER DER ELEFANTEN
Unsere Reise nach Sri Lanka

Wieder einmal saß ich im Flugzeug, um mich für den Artenschatz unseres Planeten zu engagieren. An jener schönen, vorfreudigen Aufregung hat sich nichts verändert, seit ich zum ersten Mal in dieser Mission nach Brasilien unterwegs gewesen bin, im Gegenteil. Nun flog ich nach Colombo, die Hauptstadt Sri Lankas. Sri Lanka hieß früher Ceylon, entspricht ungefähr der Größe Bayerns und liegt wie eine Träne am südlichen Zipfel Indiens. 22 Millionen Menschen leben auf der Insel, 750.000 allein in Colombo. Eine Großstadt mitten in den Tropen, die im Laufe der vergangenen Jahre rasant ihr Gesicht verändert hat. Wie in so vielen Städten Asiens hielten auch hier die Hochhausglasfassaden Einzug und die Shoppingmalls. Die alten, weiß getünchten Kolonialbauten geraten mehr und mehr in den Hintergrund. Tropisch waren bei Ankunft auch die Temperaturen, die um die 32 Grad betrugen – allerdings morgens um sieben Uhr, das konnte ja heiter werden. Wer je genug haben sollte vom Verkehr und sich nur noch nicht durchringen konnte, häufiger aufs Fahrrad umzusteigen, dem empfehle ich, einen Tag durch Colombo zu fahren. Da wird die Spur gewechselt, wie es einem gerade in den Kram passt, ganz egal, was vor einem oder hinter einem geschieht. Nach dem Motto: Augen zu und durch. Blinken ist überflüssig. Man hupt sich hier gelassen durch den Verkehr, das jedenfalls gilt für die Fahrer. Ich als Beifahrer stand Todesängste aus.

Zum Glück ließen wir die wuselige Metropole schnell hinter uns und fuhren Richtung Süden. Es ist eine der ärmeren Gegenden der Insel, in die ich jetzt reiste und in der vor allem Singalesen leben. Wir steuerten den Udawalawe Nationalpark an, der das Elephant Transit Home beherbergt. Es gilt als die beste Elefantenschutz-Adresse auf der Insel. Ich wurde bereits erwartet: vom Elefantenflüsterer Brian Batstone, der auf Sri Lanka geboren wurde und 40 Jahre lang als Elefanten-Tierpfleger im Kölner Zoo gearbeitet hat. Ein echter Fachmann also. Bei ihm wartete mein Freund Matthias Reinschmidt, der wie üblich schon mal die Lage vor Ort für uns sondiert hatte.

In die Auffangstation nach Udawalawe kommen nur junge Elefanten mit ganz unterschiedlichen Verletzungen und Schicksalen, das ist quasi ein Elefantenwaisenhaus. Etwa 45 Elefanten waren während unseres Besuchs dort, und auf vier von ihnen wartete die Freiheit: Am Ende unserer dreiwöchigen Reise sollten sie ausgewildert werden.

Ich war unheimlich froh, dass wir einen Experten wie Brian an unserer Seite hatten, der als einer der berühmtesten Elefantenpfleger überhaupt gilt. Er würde mir die Furcht vor den mächtigen Tieren sicher bald nehmen und mir wichtige Verhaltenstipps geben, damit ich bloß keinen Rüssel auf die Mütze kriege. Die weitläufige Station wirkte bei meiner Ankunft recht verwaist. Lediglich ein einziger kleiner Elefant trabte fröhlich heran. Ich brauchte natürlich sofort Elefanten-Nachhilfeunterricht: Wie alt war das nette Tier? Junge oder Mädchen? Was frisst es am Tag? Wie ist es um sein Paarungsverhalten bestellt, welche Zeichen gibt es, wenn es sich wohl oder wenn es sich bedroht fühlt? Und wie war das gleich noch einmal mit dem Elefantengedächtnis? Fragen über Fragen, die mir Brian geduldig beantwortete.

Es handelte sich um einen kleinen Bullen im Alter zwischen vier und fünf Jahren. Ausgewachsen wird er erst mit 15 Jahren sein. Die geraden Beine tragen das gigantische Gewicht der Tiere, die bis zu sechs Tonnen wiegen.

Für diese Körpermasse können die sich in der Regel entspannt bewegenden Elefanten in Gefahrensituationen allerdings ziemlich schnell rennen, nämlich bis zu 40 km/h. Ach ja, es gibt drei Elefanten-Arten: den Afrikanischen Elefanten, den Asiatischen und den Waldelefanten. Neben den Menschenaffen und Delphinen zählen sie zu den intelligentesten Säugetieren.

Unser kleiner Bulle hatte eine Schusswunde, war traumatisiert und es fiel ihm schwer, mit seinen Artgenossen Freundschaft zu schließen, was auch daran liegt, dass die anderen Bullen ihre Position innerhalb der Herde verteidigen. Sie waren schließlich zuerst da! Angeschossen wurde das Tier von Bauern, die ihre Felder schützen wollten, und Brian vermutete, dass der Schuss nicht dem Jungtier gegolten hatte, sondern wahrscheinlich einem ausgewachsenen Weibchen – der Kleine ist fatalerweise in die Schusslinie geraten. Dass es nicht wild mit den Ohren schlackerte, war kein Zeichen für leichten Missmut, ganz im Gegenteil: Elefanten, die gestresst sind, schlackern mit den Ohren, schwingen einen Vorderfuß, brummen tief, trompeten oder zerkleinern die Vegetation, ohne zu fressen. Richtig gefährlich wird es, wenn sie ihren Kopf senken und ihren Rüssel nach unten aufrollen. Die Kolosse sehen und hören zwar nicht sonderlich gut, haben dafür aber eben ihre Allzweckwaffe, den Rüssel. Er ist ihr Tast- und Geruchsinstrument und besteht ausschließlich aus Muskelgewebe. An seiner Spitze wachsen feine, empfindliche Härchen. Zum Riechen strecken die Kolosse ihren Rüssel hoch in die Luft, so nehmen sie auch Feinde wahr. Und weil sie selbst schon ziemlich groß sind, bis zu vier Meter nämlich, kommen sie durch das Strecken ihres Rüssels sogar an Futter in etwa sieben Metern Höhe. Wenn übrigens ein Elefant einem anderen den Rüssel ins Maul steckt, ist es so, als würden wir Menschen einander umarmen, um uns Trost zu spenden, uns zu beruhigen, uns Mut zu machen. Das ist insofern außergewöhnlich, als es zeigt, dass Elefanten offenbar in der Lage sind, sich bis zu einem gewissen Grad in ihre Artgenossen hineinzuversetzen. Der sprichwörtliche Elefant im Porzellanladen kommt also, etwas zugespitzt formuliert, fast einer Verunglimpfung der sensiblen Tiere gleich. Per Spiegeltest, den bislang nur sehr wenige Tiere bestanden haben, nämlich Schimpansen, Delfine, Orang-Utans und Elstern, zeigten Wissenschaftler, dass Elefanten ebenfalls zur Selbstwahrnehmung fähig sind. Sie erkannten im Spiegel ihre weiß markierte Stirn und schlugen sich mit dem Rüssel immer wieder auf das Kreuz. Eine für Tiere außergewöhnliche kognitive Leistung. Dass die Auffangstation in Udawalawe tatsächlich besonders ist, erschließt sich Besuchern nicht auf den ersten Blick. Alles wirkt hier recht einfach und provisorisch, ja, beinahe ärmlich. Entscheidend für das Leben der Elefanten aber ist, dass sie hier keine Begrenzung haben, dass die Tiere nicht unter Menschenobhut leben, sondern gewissermaßen in semi-freier Wildbahn. Sie kommen nur, um ihre Milch und ihr Futter zu kriegen, und zwar alle drei Stunden. Von wegen Pünktlichkeit ist eine deutsche Tugend: Ich konnte es kaum glauben, als sich plötzlich eine Herde mutterloser Baby-Elefanten näherte. Sie wussten genau, was die Stunde geschlagen hatte: 12 Uhr, Fütterungszeit! Ungeduldig warteten die hungrigen Elefanten am Tor. Etwa die Hälfte der Babys hatte ihre Mütter durch Menschengewalt verloren, die anderen wurden einsam und verlassen irgendwo in der Natur gefunden und von den Behörden hierhergebracht. Hilflose Tiere ohne Überlebenschance. Im Unterschied zu Affenbabys oder Koalas haben es die Elefanten nicht ganz so leicht, zu Sympathieträgern zu werden. Sie vermitteln nicht auf Anhieb das Gefühl, schutzbedürftig zu sein, sondern machen eher den Eindruck einer ziemlich wehrhaften Robustheit. Ihre Haut nimmt man zum Zeichen und glaubt, dass sie eine Menge abkönnen. Aber dass sich unter der berüchtigten »Elefantenhaut« auch eine verletzliche Tierseele verbirgt, die gehegt und gepflegt werden will wie alle anderen auch – das sollte ich erst auf dieser Erkundungsreise wirklich verstehen.

Geduld jedenfalls zählte nicht zu den Stärken der kleinen, hungrigen Elefanten. Laut wie Löwen brüllten sie und rempelten einander an der Milchbar wie Schuljungen vor dem Schulunterricht in der Umkleide an. Der kleinste war natürlich der Ruppigste. Jedes Tier wollte zuerst gefüttert werden. Nicht mit einem Fläschchen – das funktioniert nur bei den ganz, ganz Kleinen –, sondern per Trichter bekamen die kleinen Elefanten ihre Milch. Ein tolles Spektakel! Und eine ziemlich dreckige Plantscherei.

Man muss sich das einmal klarmachen: All diese kleinen Elefanten wachsen mutterlos auf. Ohne den Einsatz der Menschen dieser Station wären die Elefanten dem Tod geweiht gewesen. Trotzdem gilt stets die Devise: so wenig Kontakt wie möglich! Die Tierpfleger arbeiten auf allerhöchstem Niveau. Es sind und bleiben Wildtiere, und je weniger sie sich an den Menschen gewöhnen, je weniger ihnen ihr Geruch, ihr Verhalten vertraut wird, desto besser stehen ihre Zukunftschancen in der freien Natur – wo um zwölf Uhr mittags keine Milchbar öffnet und sie auch kein Schutzzaun vor Wilderern beschützt.

Das jüngste Tier war etwa 16 Monate alt. Bis zu seinem dritten Lebensjahr darf es sich noch über ordentliche Milchrationen freuen, danach ist endgültig Schluss.

Wenn man diese kleinen süßen Elefanten so sieht, möchte man natürlich am liebsten selbst zur Flasche beziehungsweise zum Trichter greifen und sie füttern, aber das ist wie gesagt verboten – da kennen die Pfleger kein Pardon. Ein an Menschen gewöhnter Elefant wird später ohne jegliche Scheu in die Siedlungen gehen und dort vielleicht Schaden anrichten – und sich selbst in große Gefahr bringen. Man muss ja auch nicht immer alles mit der eigenen Hand anfassen, um Nähe zu fühlen. Manchmal reicht es schon, ein Lebewesen von Weitem zu sehen, um es ganz in sein Herz zu schließen.

Sri Lankas leidenschaftlichster Kämpfer

Dass bereits mehr als 100 Elefanten von der Semi-Freiheit ganz zurück in die Natur gebracht werden konnten, dafür ist der Tierarzt und Leiter der Station, Vijitha Perrera, maßgeblich verantwortlich. Perrera ist ein zurückhaltender, ungemein sympathischer Mensch, der den Elefanten den Vortritt lässt und keine großen Reden schwingt. Er nahm uns mit zu »seiner« Herde in den Nationalpark.

Seit 20 Jahren kämpft er unermüdlich für die Elefanten Sri Lankas, häufig gegen heftige Widerstände. Dass das für uns Europäer eindeutig Gute, nämlich der Artenschutz, in der jeweiligen Weltregion auch erbitterte Gegner auf den Plan ruft, zieht sich wie ein roter Faden durch unsere Reisen. Auch ich musste meinen oft schwarz-weiß gefärbten Blick kritisch hinterfragen und sehe heute viel mehr Grautöne. Dr. Perrera lässt sich freilich, das eint die von uns besuchten Menschen, ob in Australien, Indonesien, Brasilien oder eben Sri Lanka, nicht beirren. Eben musste er noch zwei verletzte Tiere behandeln, Brian sollte ihm dabei helfen. Der erste Patient war ein, nun ja, großes Tier ... Vor mir würde sich der Elefant sicherlich nicht erschrecken, umgekehrt allerdings schon ... Das Tier sah fürchterlich aus. Abgemagert stand es vor uns, das hintere linke Knie war geschwollen. Ein Bauer hatte den Elefanten angeschossen, die Kugel wurde bereits herausoperiert, und seit drei Wochen wurde das Tier mit Antibiotika behandelt. Es ist auf dem Weg der Besserung, seine Heilungschancen stehen gut. Natürlich ist das Schießen auf Elefanten strengstens verboten, doch viele Bauern handeln aus purer Verzweiflung – es geht schlicht ums Überleben. Keine Versicherung zahlt den Schaden, wenn eine Elefantenherde die gesamte Ernte niedertrampelt und auffrisst. In Sri Lanka leben ungefähr 6.000 Elefanten. **135**

Wenn diese ihre Streifzüge machen, sind Konflikte mit Bauern geradezu vorprogrammiert.

Vijitha Perrera kennt jeden einzelnen seiner Schützlinge persönlich, er kann tatsächlich alle 45 Tiere voneinander unterscheiden. Wie ihm das gelingt, das ist für mich ein absolutes Rätsel. Als nächstes war Namal an der Reihe. Wir hatten ihm ein paar Früchte mitgebracht, quasi als Freundschaftsbeweis. Der kleine Bulle hat sein Bein bei einem Verkehrsunfall verloren. Dank der von Dr. Perreras Team angefertigten Prothese, die täglich kontrolliert werden muss, kann er jetzt wieder laufen. Wie alt er mit der Prothese werden kann, das weiß nur der liebe Gott. Die Hoffnung jedenfalls ist, dass er noch ein paar lange Ausflüge zusammen mit seinen Artgenossen unternehmen kann und sich dabei nicht als versehrter Sonderling fühlen muss. Die Psyche der Elefanten – wie die vieler anderer Tiere – ist ja noch nicht ausreichend untersucht, um wirkliche Rückschlüsse auf ihr Bewusstsein ziehen zu können. Und doch war mir gerade bei den Elefanten mal für mal sehr klar, wie ihre innere Gefühlslage wohl aussehen musste. Ich spürte einfach eine besondere Verbindung zu ihnen. Vielleicht liegt das auch an meinem Alter und daran, dass auch meine Haut schon einiges hat aushalten müssen. Das geht auf keine Kuhhaut, sagt man so schnell. Aber auf eine Elefantenhaut geht auch nicht alles.

Nach der Fütterung mussten wir uns etwas zurückziehen. Die restliche Jungtier-Herde, die gerade ein Bad ihm See genommen hatte, kam angetrabt und verteilte sich entspannt in der Savanne ... Ein atemraubender Augenblick.

Wie man aus – Entschuldigung – Scheiße Geld macht

Wir machten uns auf den Weg ins Zentrum von Sri Lanka. Brian und Matthias wollten im Dschungel nach seltenen Vögeln Ausschau halten. Klar, das ist schließlich das Steckenpferd meines Freundes Matthias. Brian kennt sich in Sri Lanka aus wie in seiner Westentasche. Er wurde hier als Sohn eines Engländers und einer Einheimischen geboren und interessierte sich von klein auf für die Tierwelt. Über einen Baumstamm eilte flink eine kleine Agame, eine bunte Echse, die sofort wieder verschwunden war. Überall kreuchte und fleuchte es, an allen Ecken und Enden hüpfte irgendein Getier, sprang ein Wesen fort, hörte man ein Rascheln, sah man einen dunklen Schatten ... Inmitten des Grüns entdeckten wir eine Familie Hutaffen inklusive Jungem, die sich gegenseitig lausten. Fellpflege muss sein! Der goldbraune Ceylon-Hutaffe ist ein gewitzter Zeitgenosse und zählt zur Gattung der Makaken. Auf seinem Kopf sitzt ein Haarbüschel, das an eine Kappe beziehungsweise an einen Hut erinnert, daher der Name. Im Gegensatz zu Indonesien müssen die Affen hier nicht fürchten, gefangen und als Haustiere gehalten oder gar geschlachtet und verspeist zu werden. In dieser Hinsicht ist Sri Lanka einsamer Vorreiter in Südostasien. So viel Respekt bringen nur wenige Länder ihren Wildtieren entgegen. Die meisten schonen sie nicht, sondern stellen ihr Schicksal weit hinter das der eigenen Wirtschaft und Industrie.

Ich hatte mich inzwischen abgeseilt und war zu einer Papierfabrik unterwegs – und zwar zu einer außergewöhnlichen, die – Entschuldigung – aus Scheiße **137**

Geld macht. Der Chef höchstpersönlich, Saravanan Kanapathy, begrüßte mich. Stolz führte er mich durch seine offene Fabrik, die aus Elefantenkot und Altpapier neues Papier herstellt und in alle Welt verkauft.

Die Idee ist patentiert, und Saravanans Firma hat schon viele Umweltpreise gewonnen. Das Papierschöpfen ist noch Handarbeit. Mehr als 200 Menschen arbeiten hier hochkonzentriert, Frauen und Männer aus der Umgebung, die meisten von ihnen stammen aus sehr armen Bauernfamilien. Ich schwitzte, kein Wunder: 42 Grad, 90 Prozent Luftfeuchtigkeit, keine Klimaanlage, nur ein paar ratternde Ventilatoren. Bedingungen, die für Saravanan Kanapathys Angestellte kein Problem sind, sie leben schließlich hier und sind an die extremen Temperaturen gewöhnt. Dass nun ausgerechnet Elefanten die wichtigsten Lieferanten für ihre Arbeit sind, jene Tiere, die ihnen auch Leid und Kummer gebracht haben beziehungsweise bringen, die Ernten vernichten können und Existenzgrundlagen zerstören, ist etwas ganz Besonderes. Eine Art Versöhnung zwischen Mensch und Elefant. Mehr als 500 Produkte umfasst das Sortiment, und in den Regalen standen Elefantenfiguren, und es stapelten sich Notizbücher und Briefpapier. Die Souvenirs, die ich meiner Familie mitbringen würde, standen also fest.

Gleich nebenan befand sich ein sogenanntes Altersheim für Arbeitselefanten. So wie in vielen Teilen Asiens, wurden früher auch in Sri Lanka mehrere Tausend Elefanten für die schwere Arbeit in Wäldern oder beim Straßenbau eingesetzt. Qualvoll für die Tiere. Heute gibt es auf der gesamten Insel noch 150 Arbeitselefanten. Sieben pensionierte Tiere leben hier. Bei einem davon hatten Matthias, Brian und ich einen Termin: bei Ranmenika, was soviel bedeutet wie »goldiges, hübsches Mädchen«. Reiten wollte ich auf dem Tier aber keinesfalls. Das Touristen-Reiten wird von Tierschützern in Europa zu Recht stark kritisiert. Die Belastungen, die durch das unkoordinierte Sitzen und Hüpfen der Touristen auf den Rücken der Tiere entstehen, sind zu stark und schaden den Gelenken der Tiere. Die Singalesen verstehen diese Bedenken allerdings nicht, denn Arbeitselefanten, die geritten werden, gehörten hier jahrhundertelang zum Straßenbild.

Brian begann, mit mir zu diskutieren. Pferde würden doch auch geritten, Kamele ebenso. Solle man das Elefantenreiten von heute auf morgen verbieten? Arbeitselefanten, die im täglichen Einsatz sind? Ein bisschen kam ich mir vor wie vor ein paar Jahren im Spanienurlaub, wo ich stundenlang mit einem Spanier über die kulturelle Bedeutung des Stierkampfes gestritten hatte. Er sagte, das sei Tradition und ein Kulturgut, ich meinte, es handele sich um bloße Tierquälerei und eine Verachtung der Würde des Lebens.

An der Seite eines jeden Arbeitselefanten steht oft jahrzehntelang ein Mahut (oder Mahout), ein Elefantenführer, der eine enge Bindung zu dem Tier hat, es pflegt, füttert, dressiert, auf seinem Nacken reitet, ihm Kommandos erteilt. Die Tradition ist älter als 4.000 Jahre und im Verschwinden begriffen. Die schwere Arbeit übernehmen jetzt Bagger und LKWs. Auswildern könne man diese zahmen Elefanten ohnehin nicht mehr, da bliebe also nur der Job mit den Touristen. Experten schätzen, dass es schon in zehn Jahren keine Mahuts mehr geben wird.

Reiten war also ausgeschlossen, aber für Hautpflege stand ich bereit. Ich sollte das in die Jahre gekommene Elefantenweibchen, das in einer Art natürlichem Swimmingpool stand und auf ihre Massage wartete, schrubben. Hand anlegen konnten wir allerdings erst, als sich das riesige Tier hingelegt hatte. Lange gingen Wissenschaftler ja davon aus, dass sich Elefanten selbst zum Schlafen nicht hinlegen, tun sie aber! Ganz wohl war mir anfangs nicht bei meinem Reinigungs- und Massagejob. Was, wenn ich die Elefantendame aus irgendeinem Grund an der falschen Stelle berührte und sie (wahrscheinlich zu Recht) wütend werden und nach mir treten sollte? Wenn sie sich plötzlich umdrehen und mit ihrem Rüssel um sich schlagen würde? Wer weiß schon, zu welchem Jähzorn diese ruhigen Dickhäuter fähig sind. Vorsichtig näherten wir uns. Brian drückte mir eine Kokosnuss-Schale in die Hand und ermunterte mich, einfach loszulegen. »Sei bloß nicht zimperlich!«, befahl er. Ich schrubbte los, der Elefantendame schien es zu gefallen, jedenfalls hielt sie still. Als ich ihr mit meiner Hand einmal kurz über die feinen Härchen strich, schlug sie gleich mit ihrem Schwanz auf die Stelle. Offensichtlich dachte das Tier, es müsse eine Fliege vertreiben. Wahnsinn, wie sensibel die Haut dieser Dickhäuter in Wahrheit ist ... Auch Matthias hat, dabei ist er ja Zoodirektor, noch nie einen Elefanten geschrubbt. Ich finde, das sollten Zoodirektoren auch mal tun. Und so ließ auch er es sich nicht nehmen, kräftig Hand anzulegen. Biologen können einfach alles!

Als wir die Elefantendame wieder verließen, war mir jedenfalls klar: Zum Mahut bin ich nicht geboren worden.

Wenn Elefanten töten

Mit dem Auto ging es weiter Richtung Osten. Über den Himmel zogen dunkle Wolken. Es sah nach Regen aus. Die Klimaanlage war ausgefallen, wir schwitzten irrsinnig, und wir fuhren mit offenen Fenstern. Gegen eine Abkühlung hätte ich wahrlich nichts einzuwenden gehabt, aber der Himmel erlöste uns nicht. Wir wollten uns mit dem Leiter einer örtlichen Hilfsorganisation treffen, die Familien unterstützt, die ein Familienmitglied durch einen Elefantenangriff verloren haben. Die Familie, die wir besuchten, lebte abgeschieden in der Nähe eines kleinen Dorfes – die Dorfbewohner mieden sie. Ihrer Meinung nach zogen sie das Unglück an. Mit dem Stigma müssen sie ganz allein leben. Sie sind »Unberührbare«, weil einer von ihnen vom heiligen Tier getötet wurde. Der einzige Mensch, der ihnen hilft, ist Jajantha Jayawardene, den alle JayJay nennen. Seine Organisation unterstützt die Familie Chandrawathi seit Jahren.

Hashini und ihre Mutter erwarteten uns. Hashinis Vater starb, als sie acht Jahre alt war, durch eine Elefantenattacke auf dem Feld. Er war Bauer und der Ernährer der Familie. Seine Frau hörte seine lauten Schreie, sie hörte auch den Elefanten und konnte nur hoffen und beten, dass ihr Mann überleben würde. Doch sie fand ihn zertrampelt und tot auf dem Feld. Was für ein schrecklicher Anblick das gewesen sein muss. Zerquetschte Glieder, das Gesicht nicht mehr zu erkennen, als wäre ein schwerer Lastwagen über ihn hinweggerollt. Etwa 65 Menschen sterben jedes Jahr in Sri Lanka durch Elefantenangriffe. Die Brutalität, die von denselben Tieren ausgeht, die ich eben noch als besonders nah an meinem Herzen verortet hatte, schockierte mich.

Mir ging die Geschichte von Hashinis Vater sehr zu Herzen, da wird man als Journalist ganz schnell ganz still, da bleiben einem die Fragen regelrecht im Hals stecken. Eine wirkliche Lösung, um solche Zwischenfälle in Zukunft zu verhindern, existiert bislang nicht. Die Interessen von Wildtieren und der bitterarmen Bevölkerung überschneiden sich. Ich verstand zumindest, warum manche Farmer auf die Tiere schießen. 225 Elefanten starben im letzten Jahr bei solchen Abwehr-Reaktionen ...

JayJays Organisation unterstützt etwa 100 Familien. Sie helfen mit Geld, für Essen, Schulhefte oder die Ausbildung, bauen zerstörte Häuser wieder auf. Sie lassen die Menschen mit ihrem schweren Schicksal nicht allein. Dank dieser Hilfe kann die kleine Hashini in die Schule gehen und hat eine Zukunft. Wir verabschiedeten uns, beeindruckt, wie die Familie ihr Leben trotz des großen Verlustes meistert. Aber auf der Weiterfahrt mochte niemand mehr reden.

In der Dämmerung erreichten wir unser Hotel. Es war die Zeit der Flughunde, die zu Hunderten den Himmel bevölkerten, um nach Früchten zu suchen. Sie sind die Könige der Nacht.

Wie sensibel die Dickhäuter wirklich sind

Der nächste Morgen. Am Himmel ein paar wenige, klar konturierte Wolken. Mit einem Jeep fuhren wir in den Nationalpark Wasgamuw, eines der wichtigsten Vogelschutzgebiete des Landes. Vor allem aber ist der

Park für Elefanten, Leoparden und Bären eingerichtet worden. Deswegen darf man auch nicht zu Fuß hinein, das wäre viel zu gefährlich, denn hinaus käme man im Zweifelsfall wohl nicht schnell genug. Wobei die Fahrt auf den Buckelpisten auch nicht gesundheitsfördernd war – so ganz ohne nennenswerte Stoßdämpfer. Mein unterer Rücken schmerzte höllisch. Aber das Gefühl kannte ich ja bereits aus Brasilien und Borneo ...

Nach kurzer Zeit sahen wir schon die ersten Wasserbüffel und Greifvögel. Das Beobachten von Wildtieren – solange sie sich in einiger Entfernung befinden – hat für mich etwas ungemein Meditatives. Man versinkt ganz und gar im Augenblick des Beobachtens, hingerissen von der Schönheit der Natur. Das Gebiet, in dem wir uns befanden, ist riesig: 370 Quadratkilometer! Nach drei Stunden Fahrt begegneten wir dann zum allerersten Mal auf unserer Reise wirklich frei lebenden Elefanten, und das direkt vor unserem Auto! Zugegeben, ich bekam es ein wenig mit der Angst zu tun. Die Geschichte von Hashinis Vater war mir nicht aus dem Kopf gegangen. Und so klammerte ich mich an die zerkratzte Sitzlehne und versuchte, ganz ruhig ein- und auszuatmen.

Auch wenn Brian mir hundert Mal gesagt hatte, dass Elefantendamen nicht angreifen, mochte ich es erst glauben, sobald wir uns wieder in sicherer Entfernung befanden. Brian stellte uns derweil entspannt die Elefantenherde vor: Es handelte sich um Weibchen und zwei kleine Bullen mit kleinen Stoßzahnansätzen. Die Dickhäuter ignorierten uns und fraßen genüsslich Mana-Gras, das nach der Regenzeit wie verrückt wächst und sehr, sehr saftig und nahrhaft ist. Elefanten sind ja Vegetarier und fressen Gräser, Blätter, Rinden, Äste, süße Früchte, dabei könnte man bei einer solchen Statur vermuten, dass diese ohne kiloweise Fleisch gar nicht am Leben zu erhalten ist. Ein Irrtum. Was das Grünzeug betrifft: Bis sich ein Sättigungsgefühl einstellt, müssen sie allerdings Berge davon in sich hineinschaufeln. Umgerechnet auf die Dauer eines Tages heißt das, dass sie bis zu 18 Stunden mit Fressen beschäftigt sind.

Elefanten leben in Großfamilien, richtigen Großfamilien, sprich, manche Herden umfassen um die 50 Tiere, die emotional eng miteinander verbunden sind. An der Familienspitze steht übrigens eine Elefantenkuh. Ja, die Elefanten praktizieren das Matriarchat. Für die Bullen heißt dass: Im Alter zwischen fünf bis acht Jahren werden sie gewissermaßen verstoßen. Manche ereilt die Vertreibung aus dem Paradies auch schon mit vier Jahren. Zu einer Herde gesellen dürfen sich die Bullen erst wieder, wenn sie die Weibchen decken können. Um eine Großfamilie erfolgreich zu führen, muss eine Elefantenkuh einige Jahre an Erfahrung auf dem Buckel haben. Jenseits der Fruchtbarkeitsgrenze ist sie perfekt dafür geeignet und kann sich voll und ganz auf den Job konzentrieren.

Doch so ruhig blieb es nicht lange. Plötzlich tauchte ein Elefantenbulle auf. Ein Riesenkoloss von Elefant, der bestimmt vier, fünf Tonnen auf die Waage brachte! Er flirtete mit einem Weibchen, das offenbar brünftig war, versuchte sie mit seinem Rüssel in die richtige Position zu schieben, um sie von hinten zu decken. Sollten
die anderen Weibchen ebenfalls brünftig sein, würde er

sie wohl alle nacheinander decken. Ein wahrer Hengst war das, also natürlich ein Elefantenhengst.

Trotz eines latent mulmigen Gefühls war es großartig, diese Elefanten fast hautnah erleben zu können. Nicht mehr als 30, höchstens 40 Meter trennten uns von ihnen.

Unser nächster Halt war ein Aussichtsturm im Nationalpark, den man zu Fuß erklimmen durfte. Und wieder einmal hatten wir Glück: Direkt vor uns ging eine Elefantenherde baden! Der Familiensinn dieser äußerst sozialen Tiere ist enorm. Ihre Lust am Spiel auch, besonders während sie baden. Bis zu acht Liter Wasser passen übrigens in so einen Elefantenrüssel. Sieben Tiere, darunter zwei Babys im Alter von vier bis sechs Wochen, ließen es sich im Wasser gut gehen. Mutig watete eines immer weiter in das sumpfige Wasserloch, was die anderen Tiere mit einem Brummen quittierten nach dem Motto: Pass mal auf Kleiner, es reicht jetzt, komm zurück! Als diese Warnung nicht half, versuchte die Mutter, den Kleinen mit dem Bein aus dem Sumpf zu schieben. Der Nachwuchs fügte sich widerwillig. Nach zehn Minuten war der kleine Elefant schließlich wieder an Land und in Sicherheit. Elefanten werden bis zu 70 Jahre alt und haben bekanntlich tatsächlich jenes sprichwörtliche Elefantengedächtnis. Ihr ausgezeichnetes Erinnerungsvermögen ist in freier Wildbahn Gold wert. Die älteren Tiere können aus einem Schatz jahrzehntelanger Erfahrung mit Weidegründen, Wasserlöchern, besonders fruchtbaren Gegenden, Dürren und Regenzeiten schöpfen. Wenn es also eng mit der Nahrung wird, weil der Regen ausgeblieben ist oder andere Herden sich bereits **145** über die besten Gräser und Blätter hergemacht haben, grübeln sie ein wenig und machen sich dann auf den Weg. Sie sind hervorragende Krisenbewältiger und lassen sich von der Launenhaftigkeit des Wetters nicht aus der Ruhe bringen. Zugute kommt den Elefanten bei diesen Wanderungen, dass sie im Grunde keine natürlichen Feinde haben, denen es mitunter gelingt, ein Jungtier zu erlegen. Aus ökonomischen Gründen passiert es, dass sich die Herde während der Futtersuche aufspaltet und kleinere Grüppchen eigene Wege gehen. Aus den Augen, aus dem Sinn aber gilt freilich nicht, im Gegenteil. Die Tiere kommunizieren miteinander. Fälschlicherweise wird oft angenommen, dies geschehe lediglich durch Trompetenlaute, aber die Sache ist komplizierter als ein »Törööö«.

Forscher fanden heraus, dass das Verständigungsrepertoire der Elefanten mehr als 6.000 Laute umfasst. Zu 90 Prozent produzieren die einfühlsamen Riesen tief in ihrer Kehle sogenannte Rumble-Töne, die zum großen Teil im Infraschall-Bereich liegen und für uns Menschen kaum beziehungsweise gar nicht zu hören sind. Diese tiefen Laute werden nicht nur kilometerweit durch die Luft übermittelt, Botschaften senden Elefanten auch über die Erde. Offenbar, so Forscher, vibriert beim Produzieren der Infraschall-Laute der gigantische Elefantenkörper und der Boden übersetzt dieses Vibrieren wiederum in Bodenwellen, die als Botschaftsübermittler fungieren. Dank ihrer hochsensiblen Fußsohlen können die sehr weit entfernten Kollegen die Nachricht ihrer Artgenossen entschlüsseln – und eine solche kann zum Beispiel lauten, dass es 100 Kilometer nördlich regnet. Jedenfalls haben

Wissenschaftler beobachtet, wie sich Elefantenherden in Bewegung setzten, und zwar genau in jene Richtung, wo es weit entfernt bereits regnete. Oder aber: Achtung, Feind im Anmarsch. Das Kommunikationsverhalten der Tiere ist äußerst komplex – und faszinierend. Wer kommt schon auf die Idee, dass die riesigen Füße der Dickhäuter »hören« können?

Bekannt indes dürfte sein, dass Elefanten um verstorbene Familienmitglieder trauern – daran musste ich während dieser Reise immer wieder denken, wie verbunden sich die Tiere tatsächlich fühlen und wie lange der Mensch dachte, dass nur er allein trauern könne. Wissenschaftler beobachten immer wieder, wie schwer es Elefanten fällt, tote Familienmitglieder zurückzulassen und weiterzuziehen. Sie befühlen die verstorbenen Tiere wieder und wieder mit ihrem Rüssel. Afrikanische Elefanten beerdigen tote Artgenossen sogar regelrecht, indem sie sie mit allerlei herangeschafftem Material wie Ästen und Blättern bedecken, als wollten sie sie vor Leichenfledderei schützen. Ihr letzter Dienst an ihnen.

Haben Elefanten magische Kräfte?

Der nächste Tag sollte heikel werden. Wir reisten weiter ins Zentrum Sri Lankas, genauer gesagt in den kleinen Ort Pinnawela, wo es ein Elefantenwaisenhaus gibt, das jedes Jahr mehr als 300.000 Touristen anzieht. Alles ist auf diese Touristen und auf das Geschäft mit ihnen ausgerichtet, die Hauptstraße säumen etliche Souvenirläden, wie man sie in allen Touristenorten dieser Welt findet. Nur: Wo waren die Elefanten? An Schaulustigen herrschte kein Mangel, aber von den Dickhäutern war weit und breit keine Spur. Brian klopfte mir auf die Schulter und versprach, dass wir bald Zeugen eines ziemlichen Spektakels werden würden. Und tatsächlich, keine halbe Stunde später sah ich die ersten riesigen Tiere. Zweimal täglich laufen sie, von je einem Mahut begleitet, durch die enge Straße zum Fluss hinab, um zu trinken und zu baden. Mehrere ausgewachsene Elefantenbullen bahnten sich ihren Weg an den Menschen vorbei. Die Parade hatte etwas Unheimliches. Gemischte Gefühle stiegen in mir auf: Diese Elefanten, die teilweise mit ihren Jungtieren zusammen zum Fluss gehen, können nie mehr ausgewildert werden, der Mensch ist ihnen zu nahegekommen. Er hat sie sich gewissermaßen eingemeindet, sie zivilisiert und ihnen den Zahn der Wildheit gezogen. Es war ziemlich beeindruckend, diese Tiere an uns vorbeilaufen zu sehen.

Von Tierschützern wird das 1975 gegründete Elefantenwaisenhaus in Pinnawela deshalb heftig kritisiert. Bestimmt mehr als 70 Tiere liefen dicht an uns vorbei, mit ausgestreckten Händen hätte man sie berühren können. Mir kamen die Bilder aus Pamplona in den Sinn, wo Stiere durch die Gassen getrieben werden, was für die Menschen nicht ohne Unfälle bleibt. Auch hier geht nicht immer alles glimpflich ab. Manchmal kommt eben die Natur und Wildheit bei einem der Tiere doch noch einmal durch, dann wird es unberechenbar und gefährlich.

Dass die Tiere an Touristen gewöhnt scheinen, beruhigt mich also nur bedingt.

Die Bullen trugen Ketten. Das gab es früher auch in europäischen Zoos, ist inzwischen aber aus Tierschutzgründen verboten. Hier gehört es zum Sicherheitskonzept, damit die Mahuts im Notfall die Tiere beim Gang durch die Menge kontrollieren können.

Die Elefantenkühe haben keine Ketten. Dennoch laufen sie nicht weg und benehmen sich gut. Der Unterschied zu der Station in Udawalawe könnte allerdings kaum größer sein. Es ist wie so oft eine Gradwanderung: Viele Einheimische haben hier ein gutes Auskommen durch die Elefanten, doch die Bedingungen für die Tiere kritisieren Tierschützer als – zurückhaltend formuliert – nicht ideal. Sie fordern eine Abschaffung der Elefantenparade – womit die Touristen ausbleiben würden.

Dass Elefanten in Sri Lanka einen anderen Stellenwert haben als bei uns, ist verständlich. Bis 2009 tobte hier noch ein blutiger Bürgerkrieg: Die singhalesische Armee und die Rebellen der tamilischen Minderheit bekämpften sich gnadenlos. Am Ende siegte die Staatsmacht, doch das Land war schwer verwundet. Viele Menschen hier haben die Jahre des Krieges noch lange nicht vergessen. Wie auch denn? Die finstere Zeit versetzte das Land 25 Jahre in Angst und Schrecken. Inzwischen sind hier auch die großen, luxuriösen Hotelketten vertreten, und es kommen immer mehr Touristen, die die wichtigste Einnahmequelle sind. Wie die Menschen in Sri Lanka mit den Elefanten umgehen, würden wir während unserer Reise auf jeden Fall weiter beobachten. Nicht zuletzt bei der Auswilderung am Schluss.

Wir reisten weiter in die berühmte Tempelstadt Kandy, die eingebettet in ein Meer aus grünen Hügeln liegt, umgeben von endlosen Teeplantagen.

Im buddhistischen Glauben spielen Elefanten eine zentrale Rolle. Das wollten wir genauer erkun- **149** den. Leider hatte ich Matthias mit der Organisation eines Fahrzeugs betraut, und er hatte ein Tuktuk aufgetrieben. Das klingt irgendwie niedlich und ist es von außen betrachtet auch. Sitzt man aber zusammengepfercht in der dreirädrigen Kiste, wird einem rasch ganz anders. Bei diesem Verkehr half nur noch beten. Aber alles ging gut, offensichtlich hatte sich Buddha zu uns an Bord gesellt. Wir fuhren zum Zahntempel von Kandy, dem wichtigsten Heiligtum auf der Insel. Hier wird ein Zahn von Buddha aufbewahrt, genauer gesagt soll es sich um den linken Eckzahn handeln, und jeden Tag kommen Tausende Gläubige, um die auf einem goldenen Lotusblatt gebettete heilige Reliquie zu bewundern.

Die gelebte Gelassenheit, die wir hier erlebten, gehört ja zum Buddhismus dazu. Da sind Tausende von Menschen unterwegs, hin und wieder wird auch ein bisschen gedrängelt, aber niemals gestoßen. Das nenne ich mal zivilisiert! Es herrschte große Heiterkeit. Gegründet wurde der Tempel vor 425 Jahren. Auch Menschen anderer Religionen dürfen ihn betreten, da sind Buddhisten tolerant. Allerdings nur barfuß. Warum ausgerechnet Elefanten im Buddhismus eine so große Rolle spielen? Buddhas Eltern hatten keine Kinder, und eines Nachts träumte Buddhas Mutter, dass ein Elefant ihren Bauch berührt habe mit Lotusblüten auf dem Rüssel. Und bald war sie schwanger mit Siddhartha. Deshalb betreten die Menschen den Tempel ganz andächtig und den Kopf leicht gesenkt mit Lotusblütengebinden, die sie als Opfer darbieten.

Der Tempel war beeindruckend. Überall sahen wir
Abbilder von Elefanten und Elfenbein von verstorbe-

nen Tieren. Lebende Elefanten gibt es im zentralen Bereich des Tempels nur zur Zeit der Prozession. Während der Zeremonie im August werden die Elefanten prachtvoll ausgestattet. Insgesamt 100 bunt geschmückte Elefanten laufen dann durch die Stadt. Wir wurden inzwischen von den Mönchen ins Innere des Tempels eingeladen, wo ein der Legende nach von Buddha selbst geschriebenes Buch aufbewahrt wird. Man legt Lotusblüten nieder und muss dann schnell wieder Platz machen für die vielen wartenden Gläubigen.

Als wir wieder nach draußen unter den Tropenhimmel traten, bot sich uns das bekannte Bild: Überall flitzten Hutaffen umher und trieben ihre Späße. Diese haben ihr Revier aus ökonomischen Gründen offenbar rund um den Tempel verlegt. Es schien ihnen prächtig zu gehen. Kein Wunder: Buddhisten glauben an die Wiedergeburt und stecken den Ahnen gerne mal eine Kleinigkeit zu, was Glück bringen soll. Hutaffen sind aber nicht nur äußerst gewitzte Tiere, sie haben sogar eine ähnliche Frisur wie Matthias!

Wir durften quasi hinter die Kulissen des Tempels blicken. Hier werden einige der heiligen Elefanten gehalten. Jeder hat einen eigenen Mahut, der ihn füttert und pflegt. Es sind alles Bullen, sogenannte »Tusker«, also Männchen mit großen Stoßzähnen. Das gibt es bei den sri-lankischen Elefanten sehr selten – entsprechend groß ist die Verehrung dieser Prachtexemplare.

Da Bullen Einzelgänger sind, werden sie ohne Sichtkontakt zueinander gehalten. Das Anbinden mit eisernen Ketten ist auch hier noch Gang und Gäbe. Die

Mahuts behaupten, dass dies aber nur zeitweise geschieht. Seit dem 3. Jahrhundert vor Christus gibt es die Tradition der Elefantenprozessionen – ursprünglich, um die Götter um Regen zu bitten. Dass man von einer besonderen Verbindung zwischen diesen majestätischen Tieren zur göttlichen Sphäre ausgeht, erscheint mir durchaus plausibel. Man kann sich gut vorstellen, dass diese mächtigen Tiere seit Jahrtausenden als unmittelbare Boten von etwas Größerem, Mächtigerem wahrgenommen wurden. Als Stellvertreter göttlicher Macht auf Erden.

Drei Tage später: Die Mönche hatten uns freundlicherweise eingeladen, eine einmal im Jahr stattfindende Prozession zu besuchen. Ich war aufgeregt und dankbar, dass ich einmal mehr eine mir völlig fremde Welt betreten durfte, mit all ihren exotischen Regeln und Riten. Dafür fuhren wir in den Süden Sri Lankas, nach Kataragama. Zu der Prozession am Abend wurde eine halbe Million Menschen erwartet. Man muss sich das Ganze als ein riesiges Volksfest vorstellen, nur mit religiösem Hintergrund: Die Prozession von Kataragama ist eines der größten buddhistischen Feste. Überall halten sich Familien mit ihren Kindern auf, sie sitzen auf Decken, essen, lachen. Auch Popcorn wird verkauft. Der religiöse Hintergrund ist für uns kaum verständlich, weil wir natürlich keine Ahnung haben, was genau passiert. Welches sind die einzelnen Symbole? Was bedeuten die Zeichen? Der fantastischen Stimmung allerdings kann man sich trotzdem hingeben.

Wir waren an diesem Abend wohl die einzigen westlichen Besucher, jedenfalls sahen wir sonst keine

Touristen. Viele Einheimische waren tagelang zu Fuß

hierher gepilgert. Nach einigen Tanzgruppen, Fackelträgern, Fahnenschwenkern und Musikern kamen die ersten, an Ketten geführten, prächtig geschmückten Elefanten. Ein Meer aus bunten Farben, ein Glitzern und Funkeln, das unseren Blick fesselte. Das Risiko für die vielen Menschen ohne die Ketten wäre zu groß. Und wieder: ein schwieriges Spannungsfeld zwischen Religion und dem Wohl der Tiere. Nichtsdestotrotz konnte man sich der Magie dieser Prozession nicht entziehen, und ich spürte, wie eine besondere Energie von mir Besitz ergriff. Vielleicht schlief ich auch deshalb ungewöhnlich tief und ruhig in dieser Nacht.

Eine gefährliche Begegnung, die böse hätte enden können

Am nächsten Morgen aber zog es uns trotz der eindrucksvollen Feierlichkeit, die in uns nachhallte, zurück in die Natur. Wir brachen zum Yala-Nationalpark auf, der der erste Nationalpark Sri Lankas war und bis heute der bekannteste des Landes ist. Er umfasst unglaubliche 1.500 Quadratkilometer, direkt am Meer. Das sind 2,5 Prozent der gesamten Insel! Es ist hier eher trocken, manchmal sieht es aus wie in den Savannen Afrikas. Mit Brian und Matthias wollte ich am nächsten Tag auf die Suche nach Leoparden gehen, nach diesen stolzen, geschmeidigen Tieren – und natürlich auch nach unseren Freunden, den Elefanten. Die Geräuschkulisse in unserem Hotel war allerdings bisweilen sehr aufregend. Eine ruhige Nacht war mir nicht beschieden, das Schlafen fiel mir schwer, aber nicht, dass ich darunter wirklich gelitten hätte ... Direkt hinter unserem Hotel befand sich ein Wasserloch. Die Affen kamen bis ans Haus heran, sie klopften frech und fordernd an die Wände und hofften, irgendwo einen Keks klauen zu können. Man hörte auch Elefanten und Wildschweine, und früh am Morgen legte sich ein Teppich aus Vogelzwitschern über uns.

Als ich noch döste und den anbrechenden Tag vom Bett aus begrüßte, war Matthias längst mit Fernglas und Kamera ausgerüstet unterwegs, auf der Suche nach seltenen Vögeln. Er hatte wie bei all seinen Reisen ein Buch dabei, in dem er sämtliche gesichteten Vogelarten »abkreuzte«, und zwar mit einer Akribie, über die ich mich gerne amüsierte. Er freute sich bei jeder entdeckten Art wie ein kleines Kind. 220 Vogelarten gibt es hier, man sieht sie vor allem an den vielen Brackwasser-Tümpeln. Als Papageienfreund hielt er natürlich insbesondere nach den fünf Papageienarten Sri Lankas Ausschau – sah aber leider nur zwei Arten, nämlich den großen Alexandersittich und den indischen Halsbandsittich, der auf dem Gelände des Elefantenwaisenhauses in Udawalawe saß, wo er eifrig an Samenständen von Wildpflanzen fraß. Aber, und das erzählte mir Matthias sofort, er konnte am frühen Morgen eine Gruppe Graupelikane beobachten. Auf der Welt gibt es acht verschiedene Pelikanarten, eine davon, der Graupelikan, lebt auch in Sri Lanka. Die von Matthias beobachtete Gruppe umfasste etwa 25 Tiere. Kein Zufall: Um beim Fischfang besonders erfolgreich zu sein, bedarf es einer solchen Gruppe, die gleichzeitig ihre riesigen Schnäbel ins Wasser tauchen und schaufelartig Fische abgreifen kann. Wie ein fliegender Bagger. Am Ende des Oberschnabels befindet sich eine Art Haken, der dazu dient, einen Fisch auch mal festzuhalten.

»Abkreuzen« konnte Matthias ebenfalls den Ceylon-Hornvogel, ebenso den wunderschön rot scheinenden Rotrücken-Ceylon-Specht. Beeindruckt haben mich auch die großen freilebenden Blauen Pfauen, die man aus europäischen Zoos kennt, wo sie als »Ziergeflügel« durch den Park spazieren. Sie hier in ihrem natürlichen Habitat zwischen Elefanten und Wasserbüffeln zu sehen, das war ganz wunderbar.

Neben den Pelikanen leben auch zahlreiche Reiherarten an den Wasserlöchern. Besonders auffallend waren die Buntstörche, die ebenfalls durchs Wasser schritten und mit offenen Schnäbeln ihren Hunger zu stillen versuchten. Wahrlich, die Fische haben es nicht leicht ...

Am nächsten Tag hieß es: Abfahrt um vier Uhr früh! Das ist, neben den Abendstunden, wenn der Himmel seine spektakulärsten Farben darbietet, als wolle er beweisen, was er kann, die beste Zeit, um Tiere zu beobachten. Ist es erst mal richtig heiß, ziehen sie sich zurück. Wir fuhren in unserem offenen Jeep los. Schnell wurde klar: Wir waren bei weitem nicht die einzigen Tierbeobachter. Yala ist inzwischen ein beliebtes Reiseziel. Etwa 30.000 Besucher kommen jedes Jahr. Und mit ihnen auch Probleme: Müll und eine zerstörte Natur.

Der Tag begann dennoch vielversprechend: Ein paar weiß getupfte Axis-Hirsche mit Jungen kreuzten unseren Weg, eine kleine Familie, und selbstverständlich entdeckte Matthias überall Vögel. Auch etliche Mungos waren schon munter und auf den

Beinen. Die kleinen, niedlichen Tiere sollte man keinesfalls unterschätzen – sie mögen allein aufgrund ihrer Größe wie leichte Beute erscheinen, aber die eine oder andere Schlange bekam schon bitter zu spüren, dass sie das gewiss nicht sind. Nur die Leoparden und Elefanten ließen auf sich warten. Wir waren allerdings auch nicht in einem Zoo, wo man von Gehege zu Gehege schlendert und genau weiß, welches Tier einen als nächstes erwartet, wo man selbst entscheidet, ob man erst das Reptilien- oder das Affenhaus ansteuert. Ich hätte es jedenfalls nicht für möglich gehalten, dass man so ein tonnenschweres Tier schlichtweg übersehen kann. Hätte mich Brian nicht auf den Elefanten, der beinahe regungslos im Gestrüpp stand, hingewiesen, ich wäre glatt, ohne seine Bekanntschaft zu machen, nach Deutschland zurückgeflogen ... Zu meiner Entschuldigung muss ich sagen, dass es noch ganz schön früh war, ich mittelmäßig geschlafen hatte, der Rücken leicht schmerzte und der Elefant sich gut versteckt hatte. Brian schätzte den mächtigen Bullen auf mehr als 25 Jahre. Er befand sich gerade in der so genannten Musth-Phase, eine aggressive Phase, in der der Testosteron-Spiegel der Elefanten steigt. Und zwar ziemlich eindrucksvoll: Die Bullen produzieren 40 bis 60 mal mehr Testosteron als üblich und verändern sich auch physisch. Ihre Schläfendrüsen und der Rüsselansatz schwellen beispielsweise an, auch die Hoden legen ordentlich an Umfang zu. Aus den Schläfendrüsen der Tiere rinnt ein Sekret, und im Grunde tröpfelt andauernd Urin. Bis zu drei Monate kann dieser testosterongesättigte Ausnahmezustand

anhalten. Und wenn gerade kein williges Weibchen in

der Nähe ist, das gedeckt werden will, kann sich die angestaute Aggression des unbefriedigten, griesgrämigen Männchens schnell auch mal anderweitig Luft machen. Hört man von Elefantenangriffen in Zoos auf Pfleger oder Besucher, kann man ziemlich sicher sein, dass sich das Tier gerade in der Musth-Phase befand. Das Wort Musth stammt übrigens aus dem Persischen und bedeutet so viel wie »Zustand der Vergiftung«, eine Bezeichnung, die keine Fragen offen lässt. Menschen und andere Tiere sollten sich jedenfalls in Acht nehmen. Für uns hieß das: Abstand halten! Wir beobachteten das Tier, bis es sich nach etwa zehn Minuten wieder zurück in den Dornwald zog.

Wir fuhren weiter zu einem See. Vom Himmel brannte unerbittlich die Sonne. Im Sumpf bewegte sich etwas, Wasser wurde geschlagen, Schilf beiseite gedrängt. Bei etwas näherem Hinsehen konnten wir mit stockendem Atem erkennen, um was für Tiere es sich handelte: Es waren Krokodile. Eins kroch langsam an Land, direkt auf uns zu. Meine Begleiter beruhigten mich: Es handle sich um ein Sumpfkrokodil, das in der Regel nicht sonderlich gefährlich für den Menschen sei. Streicheln wollte ich es trotzdem nicht. Gefährlicher sind die bis zu sechs Meter langen Salzwasserkrokodile.

Es ging weiter. Vor uns auf der Sandpiste hatten ein paar Jeeps gehalten. Schnell sahen wir, warum: Mitten auf der Piste stand ein ausgewachsener Elefantenbulle mit Stoßzähnen und wollte zwischen den Jeeps durch. Er kam immer näher an uns heran. Eine gefährliche Situation, die schnell eskalieren konnte. Rastet so ein Elefantenbulle aus, kann er auch mal einen Jeep umkippen, als wäre der ein Spielzeugauto. Man kennt solche Bilder aus den Medien: auf dem Dach liegende Jeeps und daneben ein Elefant. Im Nationalpark haben die Tiere natürlich stets Vorfahrt. Wir sind in deren Lebensraum eingedrungen, wir sind nur Gast – und Rücksicht nehmen lautet das oberste Gebot.

Unser Fahrer wurde sichtlich unruhig. Ein Jeep nach dem nächsten brauste mit Vollgas los und an dem Elefanten vorbei. Das mächtige Tier stand jetzt etwa 50 Meter vor uns, es hatte große Stoßzähne und spreizte bedrohlich die Ohren. Es war hochnervös, und wir waren in höchster Alarmbereitschaft. Selbst Brian wurde nervös. Plötzlich rannte das Tier laut trötend direkt auf uns zu. Wir hatten keine Ausweichmöglichkeit. Zurück konnten wir nicht, da stauten sich Jeeps. Rechts und links waren die Wegränder mit Sträuchern und Bäumen bewachsen. Blieb nur die Flucht nach vorn. Der Elefant kam immer näher, plötzlich gab unser Fahrer Gas, er hatte eine Lücke bemerkt, die sich auftat, als der Elefant etwa 10 Meter vor uns war und etwas mehr zur rechten Straßenseite tendierte. Als wir auf gleicher Höhe mit dem Elefanten waren, drehte dieser seinen Kopf und zielte mit seinem Rüssel auf uns. Er streifte meinen Arm. Alles spielte sich innerhalb von Sekundenbruchteilen ab. Der Fahrer hielt das Gaspedal durchgedrückt und raste an dem Elefanten vorbei. Wir waren so in Sicherheit. Erleichtert und vollgepumpt mit Adrenalin brachen wir in Lachen aus. Puh, das hätte auch schiefgehen können.

Es dauerte eine Weile, bis wir die gefährliche Situation verarbeitet hatten und uns wieder auf die Leopardensuche konzentrieren konnten. Am besten wäre es

natürlich, eines dieser Prachtexemplare liefe direkt
an uns vorbei – und nicht auf uns zu wie der Elefant.
Aber ein solcher Nahkontakt war natürlich höchst un-
wahrscheinlich. Doch da entdeckte unser aufmerksa-
mer Fahrer, er muss Adleraugen haben, erste Spuren
... War der Leopard noch in der Umgebung? Würden
wir ihn tatsächlich zu Gesicht bekommen?

Ein Rascheln im Gebüsch. Ein dunkler Schatten.
Und dann stand er plötzlich vor uns: der König von
Yala! Wahnsinn. Er schaute uns gelassen an. Ein Jungtier, vielleicht eineinhalb Jahre alt. Mir blieben die
Worte im Halse stecken. Mein Puls muss auf 180 ge-
klettert sein. So nah hat selbst Brian in all den Jahren
noch nie einen Leoparden gesehen. Ein unbeschreibliches Glück also. Dann auf einmal Krach von allen
Seiten. Plötzlich waren wir von Jeeps umzingelt. Das
ist wohl der Preis, den man zahlen muss, um Geld für
den Naturschutz zu generieren. Bis zu 500.000 Dollar
bringen die Touristen dem Park ein. Doch zu spät. Das
stolze Tier war verschwunden.

Auf Sri Lanka sind die Raubkatzen kleiner als
im Rest Asiens. Sie verbringen viel Zeit in den Bäumen und lagern auch ihre Beute dort. Dazu zählen
Hirsche und Wildschweine, aber auch viele kleinere
Tiere. Die reinste Fleischerei ist das, was sie da hoch
über dem Boden zur Verpflegung anlegen. Eigentlich
sind Leoparden Einzelgänger, nur wenn sie Jungtiere
haben, vergemeinschaften sie sich und laufen ihrer
eigenlichen Natur zuwider. Ein halbes Jahr bleibt der
Nachwuchs ungefähr bei der Mutter, danach macht
er sich selbstständig und verlässt das elterliche Haus
auf Nimmerwiedersehen. Dankbarkeit für eine gute **159**

Erziehung steht nicht auf dem Programm der stolzen Wildtiere.

Auch auf der Heimfahrt blieb uns das Glück hold: 500 Meter vor dem Hotel auf der linken Seite war eine Wasserstelle – und wer badete dort gerade ausgelassen und ohne jede Scheu? Zwei Mama-Elefanten mit ihren Babys.

Der schönste Lohn aller Mühen

Etwas wehmütig verließen wir den Süden Sri Lankas und reisten an die Ostküste, wo sich ein großes Mangrovengebiet erstreckt. Da wollte Matthias unbedingt hin – wegen der vielen Vögel natürlich. Und in der Tat mussten wir dort an unserem ersten Morgen wieder um halb sechs in der Früh los, da kannte Matthias kein Pardon ... Als wir in dem kleinen Boot saßen und die Kanäle erkunden wollten, war ich jedenfalls noch nicht ganz wach. Selbst der Motor wollte erst nicht. Doch dann ging's los.

Das Boot fuhr uns durch die vielen Kanäle, an denen rechts und links Mangrovenbäume und Palmen wachsen. Unglaublich, der Unterschied zum trockenen Yala! Auch hier ist die Vogelwelt üppig, und Matthias entdeckte ein paar Exemplare, die er bisher noch nicht gesehen hatte. So macht man Biologen glücklich.

Auf einem Ast saß ein wunderschöner Eisvogel, wie wir ihn auch aus Deutschland kennen. Sein Verbreitungsgebiet ist gigantisch. Er hatte einen Fisch im Schnabel, hinter ihm entdeckten wir eine Lehmwand mit einem Loch darin. Normalerweise haut der Eisvogel den Fisch tot und frisst ihn dann, aber er behielt ihn im

Schnabel, weil er damit mit Sicherheit in seiner kleinen Höhle verschwinden wollte, wo seine hungrigen Jungen warteten. Und so war es! Mehr als 100 Vogelarten hatte Matthias zu diesem Zeitpunkt unserer Reise bereits entdeckt. Ein richtiges Vogelparadies. Im Wasser schwamm ein großer Waran, der mindestens zwei Meter maß. Warane fressen Fische und mitunter auch Vögel und kleinere Eidechsen, falls sie sie erwischen. Und schon war er wieder in den Mangroven verschwunden.

Savanne, Berge, Mangroven, traumhafte Strände, sattgrüne Hügellandschaften – Sri Lanka ist bemerkenswert abwechslungsreich. Die Fauna reflektiert auf eindrückliche Weise die Mentalität der Bewohner: So wie sie Auto und Fahrrad fahren, so ist es auch um die Natur bestellt: Alles wächst kreuz und quer, es scheint keine Regeln zu geben, und die Wildnis gilt hier noch als großes, heiliges Gut. Die Gefahr betrachtet man mit Gelassenheit, nicht wie bei uns mit Furcht und Panik. Eine Sicherheitsgesellschaft, in der wir leben, ist auf Sri Lanka fremd. Fremder als jeder Nordpolbewohner wahrscheinlich.

Es war so weit. Wir fuhren zurück nach Udawalawe. Am nächsten Tag sollten »unsere« vier Elefanten ausgewildert werden. In der Auffangstation wirkte alles wie immer. Die Elefanten sollten nicht merken, dass der morgige Tag ein besonderer war, der ihr Leben verändern würde.

Ein letztes Mal wurden die Elefanten, bevor ein neuer Lebensabschnitt sie erwartete, gewogen. Eigentlich müssen die Tiere ein Kilogramm pro Tag zunehmen, falls nicht, muss man herausfinden, warum nicht. Hatte ein Tier Durchfall? War es ernsthaft krank? Ein Elefant nach dem nächsten betrat die Waage, eine große quadratische Fläche – natürlich nicht freiwillig, sondern angelockt mit Futter ...

Das Gewicht eines Elefanten zu schätzen ist nicht einfach. Matthias und ich machten ein kleines Spiel und tippten bei jedem Dickhäuter das Gewicht. Am Ende, das darf ich in aller Bescheidenheit sagen, habe ich den Zoodirektor tatsächlich geschlagen! Ein bisschen hatten meine Dschungelerlebnisse mich alten Zivilisationsbewohner doch verändert. Zum Besseren natürlich.

Tiere, die ausgewildert werden, müssen mindestens 900 Kilogramm auf die Waage bringen. Unsere vier Kandidaten bestanden den Test allesamt mit Bravour. Das genaue Gewicht zu ermitteln ist wichtig, um die Teil-Narkose zu berechnen, ohne die die Tiere nicht in den offenen Laster geführt werden können. Sie schlafen nicht ein, sondern werden nur relaxter. Denn damit ein solcher Koloss sich in ein enges Gefährt aufmacht, müsste man etwas mehr unternehmen, als ein paar saftige Grasbüschel vors Gesicht zu halten.

Nach dem Füttern und Wiegen durfte die Elefantenherde wieder zurück in den Nationalpark. Das war aber noch nicht die letzte Hürde vor der Auswilderung: Stationsleiter Dr. Perrera sammelte gemeinsam mit Matthias und Brian frische Elefanten-Kotproben der auszuwildernden Tiere ein, um diese auf Darmparasiten zu untersuchen. Das überließ ich mal schön den Experten ...

Es ist sehr wichtig, dass man Tiere untersucht, bevor man sie freilässt, denn es besteht immer ein Restrisiko. Diese Tiere kommen zwar aus einer Semi-Freilandhaltung, aber sie sind eben in direktem Kontakt mit Menschen und potenzielle Krankheitsüberträger, das heißt, sie können Parasiten auch mit in die Natur nehmen und andere Tiere anstecken. Solche Übertragungsrisiken will man verhindern, daher die genauen, übergenauen Gesundheits-Check-ups vor der Freilassung.

Im kleinen Labor der Station wurde untersucht, ob übermäßig viele Würmer oder Einzeller im Kot waren, doch alle Kotproben waren sauber: Unter dem Mikroskop sahen die Experten eine normale Bakterien-Flora. Damit war das Go für die Auswilderung am nächsten Tag endgültig gegeben.

Wir nutzten den Nachmittag, um Dr. Perrera in den Nationalpark Udawalawe zu begleiten. Er wollte die Elefanten suchen, die er früher ausgewildert hatte. Glücklicherweise tragen alle Tiere ein Sendehalsband, mit dem sie geortet werden können. Sonst würde man sie in dem über 35 Quadratkilometer großen Park sicher nicht finden. Die Sendehalsbänder sind Spenden vom Zoo Köln, der das Projekt seit vielen Jahren unterstützt. Von einer Anhöhe aus versuchten wir die Elefantenherde zu lokalisieren. Aber Matthias war schneller als die Technik! In der Ferne entdeckte er mit seinem Fernglas fünf Elefanten. Inzwischen hatte auch Dr. Perrera das Signal aufgefangen. Es waren tatsächlich die freigelassenen Elefanten aus der Station. Und es gab eine Überraschung: ein Elefantenbaby! Es kann nur wenige Tage alt gewesen sein, denn selbst Dr. Perrera hatte es noch nie gesehen. Beinahe zwei Jahre wuchs es im Bauch seiner Mutter heran und legte etwa hundert Kilogramm Gewicht zu, nun stakste es tapsig unter seiner Mutter herum und stellte neugierig die Ohren auf. Über seinen Körper zog sich ein Haarflaum. Noch trank das Kleine Milch, aber bald, in zwei, drei Monaten, würde es auch Gras fressen können. Was mich so freute, war, dass diese Mutter hier ausgewildert wurde und jetzt schon wieder für Nachwuchs gesorgt hat. Als wollte sie ihren ehemaligen Behütern danken. Ein größeres Geschenk als ein neues Leben kann man jemandem ja auch wirklich nicht machen. Es war der 16. Babyelefant, der von ausgewilderten Müttern hier geboren wurde. Ein toller Erfolg für das Projekt!

Ohne Segen keine Auswilderung!

Der nächste Morgen, der Tag der Auswilderung: Der Tag, dem wir von Anfang an entgegengefiebert hatten, war plötzlich da. Der LKW für den Transport unserer vier Elefanten war bereits eingetroffen, und die Tiere begutachteten ihn neugierig. Es herrschte eine seltsame Stimmung, denn schließlich mussten die vier heute ihre Herde verlassen. Aber auf sie wartete auch ein besonderes Geschenk: die Freiheit!

Ich war wieder einmal wahnsinnig aufgeregt, ich kann es gar nicht anders sagen. Wie würden die Elefanten auf die Separierung reagieren? Elefanten, die bis jetzt noch in der Gruppe mit ihren Artgenossen zusammenlebten, mit ihnen aufgewachsen sind? Wie würden sie den Prozess der Verladung absolvieren? Dr. Perrera war indes die Ruhe selbst – und überglücklich. Seine dunklen Augen strahlten. Zwei Jahre haben er und sein Team die Tiere auf diesen Tag vorbereitet. Es ist seine Lebensaufgabe, den Elefanten von Sri Lanka zu helfen, ihnen ein würdiges Leben zu ermöglichen, im Kreis ihrer Artgenossen. Dafür nimmt er sogar in Kauf, seine Familie nur an den Wochenenden sehen zu können. Menschen wie er halten unseren Planeten zusammen. So pathetisch würde ich das ausdrücken. Denn was er tagtäglich tut, wird in keinem Managermagazin, keinem Erfolgschart, keiner Forbes-Liste je vorkommen – und doch sorgt er dafür, dass diese Welt ein klein bisschen gerechter und schöner wird. Und damit tut er mehr als die meisten Schönen und Berühmten, die an allen Ecken und Enden für ihren kommerziellen oder politischen Erfolg gefeiert werden. Was wir heute brauchen, das ist ein neuer Bernhard Grzimek. Eine Mutter Theresa für die Tiere. Eine Gestalt jedenfalls, die weltweit bekannt ist für ihr Engagement für die Tierwelt. Sonst wird es auf Dauer schwer, den Nachgeborenen zu vermitteln, wie wichtig ein Engagement für den Tier- und Artenschutz ist: mindestens so wichtig wie die Mitgliedschaft in einer politischen Partei oder einer Gewerkschaft.

Wir zogen uns etwas zurück, denn jetzt kam der heikelste Moment: die Betäubung. Alle vier Elefanten bekamen eine Spritze in den Hintern, sie mussten »ansediert« werden, so nennen das die Tierärzte. Das heißt: Der Elefant ist zwar benommen, aber nicht vollkommen narkotisiert, sonst würde er zusammensacken und niemand könnte ihn mehr in den LKW befördern.

Und selbstverständlich bekommt jedes Tier auch ein Sendehalsband. Alle finanziert von deutschen Zoos. Eines davon hatte diesmal auch die Artenschutzstiftung des Zoo Karlsruhe finanziert. Die Halsbänder sind mit ca. 4.000 Euro nicht gerade günstig. Somit hat Matthias künftig symbolisch auch ein Elefantenpatenkind in Sri Lanka.

Uma war die erste. Störrisch wie ein Kind wehrte sie sich dagegen, in den LKW zu gehen. Um ihren linken Fuß war ein Seil gebunden. Einer der Tierpfleger zog kräftig von vorne, während mehrere Männer von hinten anschoben. Schritt für Schritt ging es ganz langsam, fast wie in Zeitlupe voran. Uma brüllte fürchterlich. Sie wusste ja nicht, dass die paradiesische Freiheit auf sie wartete. Nach fünfzehn Minuten war Uma endlich auf dem Wagen. Mir fehlten die Worte, so erregt, verschwitzt und nervös war ich, so gebannt verfolgte ich die Verladung des Tiers. Wie simpel ist es im Gegensatz dazu, einen niedlichen Koala auszuwildern!

Die Zeit drängte, denn die Betäubung hält nicht ewig. Bei Purna, der zweiten Elefantendame, lief es ziemlich gut. Bis sie sich auf die Rampe legte und partout nicht weiterwollte, bockig wie ein Kind. Erst der Trick mit der Milch machte sie wieder munter. Und plötzlich stand auch sie auf dem LKW und konnte festgebunden werden.

Der dritte Elefant hieß Sippawa und folgte vergleichsweise fast geschmeidig seinen beiden Kolleginnen. Seit Beginn der Verladung war zu diesem Zeitpunkt schon eine Stunde vergangen! Komm Junge, komm, ein bisschen noch, ein paar Schritte, reiß dich zusammen, du schaffst es, feuerten ihn die Pfleger an. Und da war er auch schon bei seinen Kollegen.

Bei Zheena, der letzten Kandidatin, wurde es noch einmal hochspannend. Als wollte das Tier unseren

Puls zum Abschluss der Verladeaktion gehörig nach oben treiben. Die Elefantendame hatte einen eigenen Trick, um nicht auf den Lastwagen zu müssen: Sie drehte sich einfach um. Außerdem merkte man jetzt deutlich, dass das Betäubungsmittel nachließ. Zheena wurde immer stärker und widerspenstiger ... Deutlich spürten wir die Anspannung des gesamten Teams. Selbst der sonst so coole Dr. Pererra schien ein glückliches Ende geradezu herbeizusehnen. Nach mühsamem Geschiebe und Gedrücke stand Zheena schließlich wieder in der richtigen Richtung. Vielleicht war das unsere letzte Chance. Keiner konnte sich mehr drücken, alle mussten jetzt mit vereinten Kräften anpacken. Geschafft! Gott sei Dank war alles gutgegangen, aber die Prozedur hatte insgesamt länger als zwei Stunden gedauert. Wir alle waren sichtbar erleichtert.

Zehn Kilometer mussten wir nun bis zu jenem Platz fahren, wo unsere vier Elefanten in die Freiheit durften. Wir überquerten den Damm, der den Nationalpark von den bewohnten Gebieten trennt. Es ging weiter auf die andere Seite des Parks, wo ein perfekter Lebensraum mit ausreichend Wasser für unsere Elefanten liegt. Der Nationalpark ist übrigens vergleichsweise jung und wurde erst 1972 gegründet. Die bis dahin hier lebenden Menschen sind dafür umgesiedelt worden. Man kann also nicht behaupten, Sri Lanka würde nichts für seine wilden Elefanten tun!

Zwei buddhistische Mönche waren mitgekommen, um den Elefanten durch eine Zeremonie Glück für ihren neuen Lebensabschnitt mitzugeben. Ein kleiner Segen, der ihnen in ihrer neuen Lebensphase Schutz und Zuversicht bringen sollte. Und sie darauf gefasst machen, dass es auch in Gefahren immer einen Ausweg gibt. Wir ließen uns im Schneidersitz auf dem Boden nieder, nur die beiden Mönche saßen auf weißen Plastikstühlen. Eine leichte, warme Brise wehte. Die Elefanten wurden spürbar nervös. Gleich sollte die Zeremonie beginnen. Für die gläubigen Buddhisten ist eine Auswilderung ohne diese Zeremonie undenkbar. Als die Elefanten plötzlich ganz ruhig wurden, hatte man das Gefühl, sie würden verstehen, dass hier für sie gebetet wurde. Inzwischen waren wir alle durch einen dünnen, weißen Faden miteinander verbunden – der letzte Teil der Zeremonie. Und ein besonders schöner: Der Faden symbolisiert das natürliche Band, das zwischen allem Leben, egal ob Mensch, Pflanze oder Tier, besteht. Sich diesem Band angebunden zu fühlen, lässt einen ruhig werden und alle Schwierigkeiten und Ärgernisse des Alltagslebens mit einer großen inneren Gleichgültigkeit begegnen.

Jetzt war es endlich soweit: Die Tiere verließen den Lastwagen, noch etwas unsicher bei ihren ersten Schritten in die Freiheit, als könnten sie es selbst nicht recht glauben, was geschah, als trauten sie der Sache noch nicht endgültig. Das erste Mal spürten sie Erde, die jetzt ihre Heimat war. Andächtig wohnten wir dem Schauspiel bei. Diese vier großen, wundervollen Tiere waren frei. Diesen Moment werde ich nie in meinem Leben vergessen. Jetzt müssen die Elefanten ihren Weg alleine finden, aber sie sind bestens gewappnet für eine glückliche Zukunft. Vor fünf Jahren kamen Uma, Purna, Sippawa und Zheena als Waisen in die Station von Udawalawe – und jetzt dieser sagenhafte

Moment. Mal schauen, wie lange es dauern wird, bis

auch hier ein kleines Elefantenbaby zwischen den Beinen hervorstakst. Ich hoffe jedenfalls sehr, dass ich bald ein Foto davon zugeschickt bekomme.

Auf dem Heimweg zurück nach Deutschland, im Flugzeug, als Matthias und ich die drei ereignisreichen und aufregenden Wochen in Sri Lanka Revue passieren ließen, schworen wir uns, weiterzumachen, uns weiter zu engagieren und von Menschen zu erzählen, die unseren Artenschatz mit einer Leidenschaft beschützen und verteidigen, die einen hoffnungsfroh macht. Und ein bisschen demütig auch. Der Segen, den die Mönche den freigelassenen Elefanten mitgegeben hatten – wir fühlten ihn auch ein kleines bisschen auf uns ruhen.

DER SHOWMASTER, DIE WILDNIS UND ICH

Die Papageien haben Frank Elstner und mich zusammengebracht. Im Jahr 2004 hatte ich als Kurator den seltensten Papagei der Welt, den Spixara, im Loro Parque gezüchtet. Er wollte mich deswegen in seine Sendung »Menschen der Woche« als Interview-Gast einladen. Dort haben wir uns kennen und schätzen gelernt.

Die gleiche Papageienart hat uns zu unserer ersten gemeinsamen Reise nach Brasilien gebracht. Wir durften 2010 einen in Europa gezüchteten Spixara und einen Lear-Ara zurück in ihr Ursprungsland Brasilien bringen. Dort erlebten wir deren beeindruckenden Lebensräume: die trockene Caatinga im Nordosten Brasiliens, aber auch das Pantanal, Lebensraum des Hyazintharas, welcher der größte Papagei der Welt ist.

Auf unserer zweiten Reise standen die Orang-Utans im Mittelpunkt. Aber auch in Indonesien gibt es zahlreiche Papageienarten. Viele von ihnen konnten wir in einer Auffangstation auf Sulawesi sehen. Auf Borneo konnte ich einem Vogelhändler einige aus der Natur gefangene kleine Blaukrönchen abkaufen und sie wieder fliegen lassen.

Koalas, Kängurus und Tasmanische Teufel sind die bekannten Beuteltierarten Australiens. Was wäre Australien jedoch ohne seine Papageien?! Kakadus,

Loris und Sittiche sind prägend für die Vogelwelt Down Under. Es war ein tolles Erlebnis, als ich Frank bei unserer dritten gemeinsamen Reise in den Yarra Range National Park führen konnte, wo wilde Papageien auf die ausgestreckten Hände und sogar auf die Köpfe der Menschen fliegen, um ein paar Körner zu erhaschen. So hat Frank auch hautnahe Begegnungen mit Pennant- und Königssittichen machen dürfen, ganz zu schweigen von den Schwärmen des Großen Gelbhaubenkakadus. Auch diesen Tieren kamen wir unglaublich nahe.

Auf unserer vierten Reise, die den Asiatischen Elefanten gewidmet war, durften ebenfalls die Papageien nicht fehlen. Sri Lanka ist zwar nicht für seinen Artenreichtum an Papageien bekannt, dennoch haben wir einige Sittiche in der freien Natur zu Gesicht bekommen. Mein Herz schlägt in solchen Momenten einfach höher.

Alles hat mit Papageien angefangen. Diese farbenprächtigen Geschöpfe begegneten uns bisher bei jeder Reise, was mich als Papageienfreund freut – und Frank immer wieder erstaunen lässt.

»Wie ist Frank Elstner privat, wenn die Kamera mal nicht läuft?« Das ist wohl die häufigste Frage, die ich gestellt bekomme, wenn ich auf unsere gemeinsamen Artenschutzreisen angesprochen werde. Meine Antwort lautet immer: »Erfrischend normal, ein liebenswerter Mensch ohne Allüren.« Und das ist er wirklich. So habe ich ihn damals persönlich kurz vor der Sendung »Menschen der Woche« kennengelernt. So empfinde ich auch heute noch. Inzwischen sind wir sehr gut befreundet. Zwar beträgt unser Altersunterschied 22 Lebensjahre. Aber es fühlt sich immer an, als seien wir gute Schulkameraden.

Ich schätze an Frank vor allem sein großes Interesse. An all den Dingen, die wir erleben. Wie er auf Menschen zugeht und mit ihnen spricht. Sein großes Fingerspitzengefühl und seine natürliche Freundlichkeit. Deswegen mögen ihn nicht nur seine Gesprächspartner vor der Kamera, sondern auch die Zuschauer seiner Sendungen. So kennen und lieben sie ihn.

Auch wenn es unbequem wird, er stellt sich in den Dienst der guten Sache, tritt für den Arten- und Tierschutz ein. Dafür bin ich ihm sehr dankbar. Frank Elstner ist für viele Menschen ein Vorbild. Sein Status hilft, das Anliegen der Artenschutzprojekte einer breiten Öffentlichkeit zu vermitteln. Dabei ergänzen wir uns bestens. Denn ich habe als Zoodirektor in Karlsruhe zwei große Leitthemen für die Zukunftsausrichtung: den Artenschutz und die dafür notwendige Wissensvermittlung.

Die Menschen direkt erreichen

Zoologische Gärten gehören zu den am meisten besuchten Freizeiteinrichtungen überhaupt. Jedes Jahr sind es mehr als 40 Millionen Menschen, die allein in Deutschland in Zoos, Tierparks und andere zoologische Einrichtungen gehen. In diesen hat sich in den vergangenen Jahren in Sachen tiergerechte

Haltung vieles positiv verändert. Die Haltungsbedingungen für unsere Tiere können und müssen jedoch weiter optimiert werden. Zoos müssen sich ständig weiterentwickeln und sich selbst kritisch hinterfragen. Dieses Umdenken ist wichtig. Zoos, die lediglich Tiere zur Schau stellen, haben heute keine Daseinsberechtigung mehr. Viele Tiergärten haben in den vergangenen Jahrzehnten sinnvoll investiert, gute Veränderungen herbeigeführt und sich damit enorm verbessert. Gehege mit gekachelten Wänden werden ersetzt durch die Abbildung naturnaher Lebensräume. Der Besucher wird beim Betrachten in das natürliche Habitat der Tiere mitgenommen. Er erhält einen Eindruck davon, wie die Art in der Natur anzutreffen wäre. In einer direkten Verbindung mit Geräuschen und Gerüchen, die nicht über Fernsehen oder Internet zu vermitteln wäre. Das ist ein ganz wichtiger Punkt bei der Wissensvermittlung im Zoo. Die Besucher sollen Tiere erleben und dabei idealerweise Zusammenhänge mitbekommen, welche Rolle etwa das Tier im Ökosystem hat.

Solch ein Wissen über die Natur wird in Deutschland immer geringer. Etwa die Hälfte der Menschen lebt weltweit in Städten. Laut Prognosen könnten es im Jahr 2050 sogar 85 Prozent sein. Damit geht eine Entfremdung zur Natur einher. Stadtkinder wachsen eher naturfern auf. In dieser prägenden Phase fehlt den Kindern die Heranführung an Natur und Tiere. Sie entwickeln so nur ein geringes Verständnis für den Wert der Natur. Zudem werden sie sich später kaum für deren Schutz einsetzen.

Der Zoo ist für die Stadtbevölkerung oftmals das einzige Fenster zur Natur. Gäbe es keine Zoos moderner Ausrichtung, sie müssten zwangsläufig neu erfunden werden. Im außerschulischen Lernort Zoo werden Kinder und Jugendliche über schöne und beeindruckende Erfahrungen an die Natur herangeführt.

TV-Produktionen, die Tiere in ihrer natürlichen Umgebung zeigen, können kein direktes Erlebnis ersetzen. Tierdokumentationen waren zwar noch nie so gut wie heute. Auch wir setzen mit unserer Reihe »Elstners Reisen« darauf, die Menschen für den Tier- und Artenschutz zu interessieren. Aber nichts ist gleichzusetzen mit der direkten Begegnung mit lebenden Tieren. Um dies möglichst vielen Menschen zu ermöglichen, sind moderne Zoos unerlässlich. Wer einmal direkt vor einer Giraffe oder einem Elefanten gestanden ist, die farbenprächtigen Papageien oder die watschelnden Pinguine erlebt hat, wird eine sehr viel emotionalere Verbindung mit den Tieren spüren. Das kann kein Fernsehfilm oder Clip aus dem Internet leisten.

Nicht alle Menschen können die Vielfalt der Tiere direkt in der Natur kennenlernen. Es wäre auch nicht sinnvoll, würde jeder Mensch dafür ständig lange Flugreisen nach Asien, Afrika, Amerika oder Australien unternehmen. Ich bin daher sehr dankbar, im Rahmen meiner Reisen zusammen mit Frank Elstner solche Erlebnisse machen zu dürfen. Wir möchten mit den Filmen möglichst viele Menschen erreichen. Und in den Zoos können wir das auch – ganz unmittelbar.

Wir müssen den Artenschatz hüten

Der Artenerhalt wird für zoologische Einrichtungen immer wichtiger. Noch vor einigen Jahrzehnten wurden in Zoos Tiere aus fernen Ländern einfach ausgestellt. Diese Zeit ist vorüber. Die Tiergärten in Europa, die der EAZA (European Association of Zoos and Aquariums) angehören, züchten heute fast alle Tiere, die sie in ihren Einrichtungen zeigen. In den mehr als 300 Zoos der EAZA gibt es gut 400 Zuchtprogramme und -bücher für unterschiedliche Tierarten. Viele davon sind vom Aussterben bedroht oder bereits tatsächlich nicht mehr in der Natur zu finden. Lange vorbei sind auch die Zeiten, als Zoodirektoren selbst nach Afrika flogen, um Tiere für ihren Zoo zu fangen. Und das ist auch gut so!

Es gibt viele Beispiele für Tierarten, die nur in Zoologischen Einrichtungen überlebt haben, während sie in der Natur ausgerottet wurden. Zahlreiche Arten konnten inzwischen, nachdem die Ursachen der Ausrottung beseitigt oder eingedämmt wurden, wieder aus Zoobeständen erfolgreich ausgewildert werden. Bekannte Beispiele sind Europäischer Wisent, Säbelantilope oder Przewalski-Pferd. Deshalb ist es heute oberste Aufgabe der Zoos, die Tierbestände regelrecht zu managen. Wenn es eines Tages notwendig sein sollte, können so Tiere für Wiederansiedlungsprojekte zur Verfügung gestellt werden, die eine möglichst breite und gesunde genetische Basis haben. Dies funktioniert nur, wenn sie in ausreichenden Stückzahlen in den Haltungen vorhanden sind.

Ein solches Tiermanagement kann aber nur ein Teil der Artenschutzarbeit eines modernen Zoos sein. Für mich sind die Tiere im Zoo ideale Botschafter für ihre Artgenossen im Freiland. So sehe ich es heute als eine wichtige Aufgabe der Zoos an, sich in Artenschutzprojekten in der Natur zu engagieren. Mit den Botschaftertieren im Zoo kann Interesse geweckt werden. Gesammelte Spenden stehen dann für entsprechende Artenschutzprojekte im Freiland zur Verfügung.

Während eines meiner vielen Gespräche mit Frank Elstner wollte er einmal »Artenschutz« sagen. Er hatte sich jedoch versprochen und heraus kam: »Artenschatz«. Ich war sofort begeistert. Genau das ist es, was wir auf unserer Erde haben und was wir bewahren und hüten müssen: unseren Artenschatz.

Das Artenschatzprojekt, das wir daraufhin ins Leben gerufen haben, ermöglicht nun jedem Interessenten, die in unserem Buch vorgestellten Schutzprojekte unmittelbar zu unterstützen. Über die Artenschutzstiftung Zoo Karlsruhe ist es möglich, eine direkte Spende zu tätigen. Überweisungen sollten den Betreff »Artenschatz« enthalten. Wenn eine Spendenquittung erwünscht ist, bitte dies ebenfalls samt der Adresse zur Zusendung vermerken.

Wir brauchen Mitstreiter. Menschen, die sich für den Erhalt der Tiere und der Lebensräume einsetzen. Die Situation wird sich in den kommenden Jahren durch die wachsende Weltbevölkerung weiter verschärfen. Denn

auch diese Menschen brauchen Ressourcen, wollen essen und ein möglichst gutes Leben führen. Da aber unsere Erde begrenzt ist, werden weitere Naturräume geopfert. Regionen, die heute noch intakt sind, werden urbanisiert. Für die Natur bleibt kaum noch Platz. Deshalb ist es heute wichtiger denn je, auch an die Tiere zu denken. Sie benötigen genügend Lebensraum, um langfristig eine Chance zum Überleben zu haben.

Einige solcher Menschen haben wir auf unseren Reisen kennengelernt. Aber es müssen noch mehr werden. Jeder kann etwas tun. Und trotz der düsteren Aussichten dürfen wir uns nicht entmutigen lassen. Denn auch unsere Kinder und Kindeskinder sollen noch Tiere in ihren natürlichen Lebensräumen erleben können.

Die Artenschutzstiftung Zoo Karlsruhe

Der Erhalt bedrohter Tierarten stand im Mittelpunkt, als die Artenschutzstiftung Zoo Karlsruhe 2016 gegründet wurde. Dafür setzt sie sich weltweit durch in-situ- und ex-situ-Maßnahmen ein. Kern ist jedoch die Unterstützung von Artenschutzprogrammen in den Ursprungsländern der Tiere. Nach einem Jahr haben sich bereits drei Schwerpunkt-Themen herauskristallisiert.

1. Biodiversitätsprojekt in Ecuador

2. Erhalt der indonesischen Kakadu-Arten

3. Elefantenprojekt in Sri Lanka

Biodiversitätsprojekt in Ecuador

Das Leuchtturmprojekt der Artenschutzstiftung Zoo Karlsruhe ist in Ecuador. Ecuador ist eines der artenreichsten Länder der Erde. Jedoch ist die Natur sehr stark vom Raubbau durch den Menschen betroffen. Viele Wälder werden einfach abgeholzt, um Weideland zu gewinnen. Die Artenschutzstiftung Zoo Karlsruhe hat ein 24 Hektar großes Gelände in Ecuador erworben. Es besteht aus unberührtem Wald, teilweise aber auch aus Weideflächen, die mit Spendengeldern wieder aufgeforstet werden sollen. Das Gelände liegt am Westhang der Anden im Nebelwaldgebiet und grenzt an eine Straße, die von Los Bancos zur Hauptstadt Quito führt. Von dort zieht sich das Gelände etwa 1,2 Kilome-

Gelände der Artenschutzstiftung Zoo Karlsruhe in Ecuador

ter in das Waldgebiet hinein. Der ursprüngliche Wald auf dem Areal wird geschützt, das abgeholzte Teilstück wieder neu bepflanzt, ausschließlich mit heimischen Arten. Darunter werden Bäume wie Cascarillo, Lacre oder Tarqui sein. Es soll auch darauf geachtet werden, dass es trotzdem Plätze im Gelände gibt, auf denen die Sonne bis zum Boden durchdringen kann, was für viele Reptilienarten besonders wichtig ist. Mit diesem Projekt möchte die Stiftung zum Erhalt der Biodiversität in dem südamerikanischen Land beitragen.

Das Areal liegt auf etwa 1.600 Höhenmetern, eine Quelle und zwei Bäche sind auf dem Grundstück zu finden. Die Topographie ist wellig, es gibt sowohl fla-

Clemens Becker, Vorstand der Artenschutzstiftung
Zoo Karlsruhe, erkundet das Gelände

che Bereiche als auch kleinere Steilhänge. Auf alten Baumriesen wachsen zahlreiche Bromelien, Tilandsien und Orchideen.

Bei ersten Beobachtungen und Erkundungen konnten bereits mehr als 70 Vogelarten festgestellt werden, darunter Kolibris, Papageien und Tukane. Zudem wurden von Biologen 18 Amphibien- und Reptilienarten nachgewiesen. Auch die Insekten- und Spinnenvielfalt ist groß, außerdem sind Tamanduas (Kleine Ameisenbären), Zwergeichhörnchen und eine heimische Wildschweinart anzutreffen. Faultiere, Schlankbären, Gürteltiere, weitere Vögel, Reptilien und Amphibien sind aus dem direkten Umland bekannt.

Ein seltener Frosch, gefunden auf dem Gelände in Ecuador

Das Gelände ist zwei Hektar größer als der Zoologische Stadtgarten Karlsruhe. Mit dem Projekt kann der Artenschutzgedanke des Zoos ganz konkret in der Natur unterstützt werden. Es ist das Partnerprojekt des Exotenhauses im Zoo Karlsruhe, das für Artenvielfalt und Schutz von Lebensräumen steht. Für den Zoo ist das Ecuador-Projekt ein Meilenstein in der modernen Neuausrichtung.

Erhalt der indonesischen Kakadus

Die weißen Kakadu-Arten sind über Indonesien, Philippinen bis hin nach Neuguinea und Australien verbreitet. Während die australischen Arten zum Großteil noch zahlreich vorhanden sind, stehen einige der asiatischen Kakadu-Arten kurz vor der Ausrottung. Vor allem auf Inseln beheimatete Arten haben nur ein natürlich beschränktes Verbreitungsgebiet. Sie sind deshalb durch Störungen des Lebensraums besonders gefährdet. Abholzung der Wälder ist dabei der am stärksten bedrohende Faktor. Zudem wurden viele Tiere auch gehandelt. So wurden gerade in den letzten drei Jahrzehnten des vergangenen Jahrhunderts hunderttausende Kakadus für den internationalen Heimtierhandel gefangen. Zwar ist der Fang mittlerweile verboten, dennoch gibt es illegalen Handel mit wild gefangenen Papageien. Die meisten Tiere gelangen dann in asiatische Länder. Dort müssen Aufklärungskampagnen ein Umdenken bei der Bevölkerung bewirken.

Die Zoologische Gesellschaft für Arten- und Populationsschutz (ZGAP) hat es sich zur Aufgabe ge-

182   Einer der seltenen Orangehaubenkakadus in der Natur

Mitarbeiter vor Ort kontrollieren die Nester in luftiger Höhe

Nestkontrolle: Ein junger Orangehaubenkakadu
ist aus dem Ei geschlüpft

macht, vor allem die von der Ausrottung bedrohten Kakadu-Arten zu erhalten. Das sind der indonesische Gelbwangenkakadu (Cacatua sulphurea), der Orangehaubenkakadu (Cacatua sulphurea citrinocristata) aus Sumba sowie der Rotsteißkakadu (Cacatua haematurophygia) von den Philippinen. Es gibt Erhaltungszuchtprogramme im Freiland sowie gezielte Aufklärungskampagnen, die in den Schulen beginnen.

Um auf das schleichende und von der Öffentlichkeit kaum wahrgenommene Verschwinden der Kakadus aufmerksam zu machen, wurde als Zootier des Jahres 2017 der Kakadu ausgewählt. Die Proklamation erfolgte im Zoo Karlsruhe im Beisein von mehr als 40 Zoodirektoren und Tierparkleitern. Bundesweit wurde in der Presse darüber berichtet. Die Artenschutzstiftung Zoo Karlsruhe unterstützt die Schutzprojekte der ZGAP finanziell. Dies ist dringend notwendig, um das weitere Verschwinden der hoch bedrohten Kakadu-Arten zu verhindern. Über eine Kooperation mit dem Zoo Karlsruhe unterstützt auch der Verein Vogelfreunde Achern die Erhaltungsmaßnahmen des Orangehaubenkakadus im Freiland mit erheblichen Spenden.

Elefantenprojekt in Sri Lanka

Das Waisenhaus für Elefanten-Jungtiere in Udawalawe in Sri Lanka wird ebenfalls von der Artenschutzstiftung Zoo Karlsruhe unterstützt. Kennengelernt hat dies Projekt der Karlsruher Zoodirektor während seines Drehs mit Frank Elstner in Sri Lanka. Dort leben mehr als 40 Elefanten-Waisen in einer großen, sozialen Gruppe. Die Tiere werden aufgezogen, bis sie mehr als 900 Kilogramm wiegen. Erst dann sind sie stark genug, um in Nationalparks ausgewildert zu werden. Damit diese Wiederansiedlung auch gut nachzuverfolgen ist, bekommt jeder Elefant ein Senderhalsband. Etwa zwei Jahre bleibt es am Hals der Tiere, dann wir es spröde und fällt ab. In diesen zwei Jahren ist allerdings eine stetige Überwachung der Tiere gewährleistet, die Wege der Tiere werden nachverfolgbar. Das sichert den Erfolg der Wiederansiedlung. Rund 4.000 Euro kostet allerdings ein einziges Satelliten-Halsband. Organisiert wird dieses Projekt über den Kölner Zoo. Die Artenschutzstiftung Zoo Karlsruhe beteiligte sich

Vier junge Elefanten werden ausgewildert.
Um den Hals tragen sie die Sendehalsbänder

bei der in der TV-Dokumentation gezeigten Auswilderung von vier Elefanten und finanzierte ein erstes Halsband. Durch eine großzügige Spende von Klaus Gayko ist die Artenschutzstiftung Zoo Karlsruhe nun in der Lage, vier weitere Sender zu finanzieren. Gayko wurde durch die Sendung »Elstners Reisen« auf das Projekt aufmerksam.

Elefanten beim Elefantenbad in Pinnawela/Sri Lanka

Nachsatz

Ein ganz besonderer Dank gilt allen, die zum Gelingen unserer Reisen beitragen. Dem SWR, der uns die Reisen ermöglicht, unserem Produzenten Christian Ehrlich, der die Reisen akribisch vorbereitet und wunderbare Artenschutzdokumentationen daraus macht. Ganz besonders unserem Kameramann Lars Schwellnus, der es versteht, die besten Szenen perfekt einzufangen, sowie Jan Hoffmann, der stets für den guten Ton sorgt, und allen anderen, die zum Gelingen dieses ganz besonderen Projekts beitragen. Wir können uns kein besseres Filmteam vorstellen. Wir hoffen, noch viele weitere Folgen von »Elstners Reisen« drehen zu können und sind überzeugt, dass wir damit viel für Tier-, Arten- und Naturschutz erreichen.

Matthias Reinschmidt
Karlsruhe, im September 2017

DAS ARTENSCHATZPROJEKT

Auch für die weiteren Projekte, die in der Reihe »Elstners Reisen« vorgestellt wurden, kann über die Artenschutzstiftung Zoo Karlsruhe gespendet werden.

- Schutz des Lear-Aras in Brasilien
- Erhalt des Hayzintharas im Pantanal in Brasilien
- Hilfe für die Auffangstation beschlagnahmter Tiere in Tasikoki auf Sulawesi in Indonesien
- Kobus-Auffang- und -Aufzuchtstation für Orang-Utans in Borneo
- Unterstützung der Aufzucht und Wiederansiedlung kleiner Waisenkoalas in Australien
- Auffangstation für verletzte Meeresschildkröten in Australien
- Unterstützung des Elefantenwaisenhauses in Udawalawe
- Nashorn- und Elefantenschutz in Kenia

Das Konto der Artenschutzstiftung Zoo Karlsruhe ist bei der Volksbank Karlsruhe
IBAN DE07 6619 0000 0000 2121 21
BIC GENODE61KA1.

Das Artenschatzprojekt ist eine Initiative von Frank Elstner und Dr. Matthias Reinschmidt. In ihren für den SWR gedrehten Artenschutzdokumentationen besuchen Sie Brennpunkte des internationalen Artenschutzes. Sie lernen dabei engagierte Menschen kennen, die direkt an der »Front« versuchen, die letzten ihrer Art zu retten und ein Überleben bedrohter Tierarten in ihrem natürlichen Lebensraum zu sichern. So beeindruckten die Projekte für die Blauen Aras in Brasilien, genauso wie die letzten roten Orang-Utans in Indonesien, die niedlichen Koalas in Australien oder die majestätischen Elefanten Sri Lankas. Die dabei gemachten Erfahrungen haben die beiden Initiatoren derart berührt, dass sie es sich zur Aufgabe gemacht haben, sich für den Erhalt des Artenschatzes auf unserer Erde einzusetzen.

Über die Artenschutzstiftung Zoo Karlsruhe kann nun direkt das Artenschatzprojekt von Frank Elstner und Dr. Matthias Reinschmidt unterstützt werden. So ist garantiert, dass eingehende Spenden direkt und zu 100%, ohne Abzug von Verwaltungskosten, den in den Dokumentationen vorgestellten Projekten zufließen können. Ab 100 Euro stellt die Stiftung gerne Spendenquittungen aus.

Unterstützen auch Sie mit Ihrer Spende das Artenschatzprojekt für bedrohte Tiere und helfen Sie damit, das Überleben unserer wunderschönen Mitgeschöpfe zu garantieren.

Für alle Lebensliebhaber bietet das Gütersloher Verlagshaus
Durchblick, Sinn und Zuversicht. Wir verbinden die Freude am Leben
mit der Vision einer neuen Welt.

UNSERE VISION
EINER NEUEN WELT

**Die Welt, in der wir leben,
verstehen.**

**Wir sehen Menschlichkeit
als Basis des Miteinanders:**
Mitgefühl, Fürsorge und Beteili-
gung lassen niemanden verloren
gehen. Wir stehen für gelingende
Gemeinschaft statt individueller
Glücksmaximierung auf Kosten
anderer.
....

**Wir leben in einer
neugierigen Welt:**
Sie sucht ehrgeizig und mitfüh-
lend Lösungen für die Fragen
unseres Lebens und unserer
Zukunft. Wir fragen nach neuem
Wissen und drücken uns nicht vor
unbequemen Wahrheiten – auch
wenn sie uns etwas kosten.
....

**Wir leben in einer
Gesellschaft der offenen Arme:**
Toleranz und Vielfalt bereichern
unser Leben. Wir wissen, wer
wir sind und wofür wir stehen.
Deshalb haben wir keine
Angst vor unterschiedlichen
Weltanschauungen.

**Das Warum und Wofür
unseres Lebens finden.**

**Erfahren, was uns im Leben
trägt und erfreut.**

**Wir helfen einander,
uns selber besser zu verstehen:**
Viele Menschen werden sich erst
dann in ihrem Leben zuhause
fühlen, wenn sie den eigenen We-
senskern entdecken – und Sinn in
ihrem Leben finden.
....

**Wir ermutigen Menschen, zu ihrer
Lebensgeschichte zu stehen:**
In den Stürmen des Alltags geben
wir Halt und Orientierung. So
können sich Menschen mit ihren
Grenzen aussöhnen und zuver-
sichtlich ihr Leben gestalten.
....

**Wir haben den Mut, Vertrautes
hinter uns zu lassen:**
Neugierde ist die Triebfeder eines
gelingenden Lebens. Wir wagen
Neues, um reich an Erfahrung zu
werden.

**Wir glauben an die Vision
des Christentums:**
Die Seligpreisungen der Bergpre-
digt lassen uns nach einer neuen
Welt streben, in der Vereinsamte
Zuwendung, Vertriebene Zuflucht,
Trauernde Trost finden – und
Gerechtigkeit, Barmherzigkeit
und Frieden herrschen.
....

**Wir geben Menschen die
Möglichkeit, den Glauben (neu)
zu entdecken:**
Persönliche Spiritualität gibt
Kraft, spendet Trost und fördert
die Achtung vor der Schöpfung
sowie die Freude am Leben.
....

**Wir stehen mit Respekt vor
der Glaubenserfahrung anderer:**
Wissen fördert Dialog und Verständnis, schützt vor Fundamen-
talismus und Hass. Wir wollen
die Schätze anderer Religionen
kennenlernen, verstehen und
respektieren.

GÜTERSDIE
LOHERVISION
VERLAGSEINER
HAUSNEUENWELT

Bibliografische Information der Deutschen Nationalbibliothek

Die Deutsche Nationalbibliothek verzeichnet diese Publikation in der Deutschen Nationalbibliografie; detaillierte bibliografische Daten sind im Internet über https://portal.dnb.de abrufbar.

Druck | ID 12559-1708-1001

FSC
www.fsc.org
MIX
Papier aus ver-
antwortungsvollen
Quellen
FSC® C014496   Verlagsgruppe Random House FSC® N001967

Bildnachweis
Alle Fotos: Matthias Reinschmidt und Christian Ehrlich
Seiten 178-180 und 185/186: Artenschutzstiftung Zoo Karlsruhe
Seiten 182 und 183 unten: Hanom Bashari
Seite 183 oben: Benny Siregar

1. Auflage
Copyright © 2017 Gütersloher Verlagshaus, Gütersloh,
in der Verlagsgruppe Random House GmbH,
Neumarkter Str. 28, 81673 München

Umschlagmotiv: Timo Deible, Zoo Karlsruhe
Druck und Bindung: GGP Media GmbH, Pößneck
Printed in Germany
ISBN 978-3-579-08696-5

www.gtvh.de